计算机图形学

—（微课版）—

孔令德　康凤娥　编著

清华大学出版社
北京

内 容 简 介

本书是一部讲述计算机图形学基本原理的教材,旨在结合项目开发经验讲透图形学经典算法,是对笔者二十多年"计算机图形学"课程教学经验的总结。本书分为 8 章,内容涵盖了光栅化图形的基本原理、几何变换、曲面建模和真实感图形的绘制,适用于高等学校学生少学时的教学。

为了方便读者学习,本书配有 40 个算法讲解的视频(算法原理、算法设计、参考代码和算法小结),以及 Visual Studio 2017 版的 C++ 参考源代码。对于喜欢编程的读者,本书提供了 MFC 绘图函数的讲解(配套 13 个例程)以及分形几何学(配套 11 个例程)的拓展训练内容。

本书不仅可以作为高等学校计算机类相关专业的快速入门教材,还可以作为从事虚拟现实研究和游戏开发人员查找图形绘制原理的案头工具书。

图书在版编目(CIP)数据

计算机图形学:微课版/孔令德,康凤娥编著. —北京:清华大学出版社,2021.12(2024.9重印)

ISBN 978-7-302-59583-0

Ⅰ. ①计…　Ⅱ. ①孔…　②康…　Ⅲ. ①计算机图形学－高等学校－教材　Ⅳ. ①TP391.411

中国版本图书馆 CIP 数据核字(2021)第 239491 号

责任编辑:汪汉友
封面设计:何凤霞
责任校对:胡伟民
责任印制:杨　艳

出版发行:清华大学出版社
　　　网　　　址:https://www.tup.com.cn,https://www.wqxuetang.com
　　　地　　　址:北京清华大学学研大厦 A 座　　　　邮　　编:100084
　　　社 总 机:010-83470000　　　　　　　　　　邮　　购:010-62786544
　　　投稿与读者服务:010-62776969,c-service@tup.tsinghua.edu.cn
　　　质量反馈:010-62772015,zhiliang@tup.tsinghua.edu.cn
　　　课件下载:https://www.tup.com.cn,010-83470236
印 装 者:涿州汇美亿浓印刷有限公司
经　　　销:全国新华书店
开　　　本:185mm×260mm　　　印　　张:12.25　　　字　　数:310 千字
版　　　次:2021 年 12 月第 1 版　　　　　　　印　　次:2024 年 9 月第 6 次印刷
定　　　价:34.50 元

产品编号:088736-01

前　言

计算机图形学是研究如何利用计算机算法来表示、生成、处理和显示图形的学科,主要包括三维模型的线框图和光照图绘制。本书引导读者使用样条曲面建立物体的线框模型和表面模型。物体的线框模型是表面模型的骨架,使用三维几何变换让物体运动起来,使用透视投影让物体符合视觉习惯,使用消隐算法让模型看起来像真的,通过添加材质、设定光源、映射纹理让模型绘制为像照片一样的图形。

本书具有以下特点。

1. 算法原理案例化

计算机图形学原理众多、算法复杂。作为山西省教学名师和国家级一流本科课程的负责人,笔者在二十多年的计算机图形学教学实践中,使用 MFC 平台严格按照本书讲解的算法自主开发了 BCGL(博创研究所计算机图形学资源库,曾荣获山西省教学成果一等奖),实现了本书所有算法都基于案例开发进行讲解。

2. 算法内容的系统化

本书的主线是生成真实感图形,先用直线构造线框模型,再对模型施加几何变换、透视投影、表面消隐、设置材质、设置光源、绑定纹理,最后在双缓冲环境下建立真实感图形的三维动画。

自 2008 年以来,笔者编写的《计算机图形学基础教程》由于通俗易懂,深受广大师生的欢迎。在广泛听取一线教师的意见和建议后,在强化计算机图形学基础知识的同时,尽量降低本书的学习门槛。具体如下。

(1)简化模型。几何模型仅使用立方体与球体模型,前者数据结构简单,方便描述顶点和小面的关系,后者的点法向量可用该点的位置向量替代,便于讲解光照。

(2)缩短篇幅。为了便于一部分基础较好的读者进一步学习计算机图形学知识,本书提供了用 MFC 绘制二维图形方法(提供了 13 个例程)和分形几何学(提供了 11 个例程)的拓展阅读内容,有兴趣的读者可以扫描前言中的二维码后下载阅读。

(3)减少学时。本书重点讲解线框模型动画和简单的光照模型,适合 32～48 学时的教学。

本书提供了 42 个计算机图形学基础算法的视频讲解,读者可通过扫码进行观看。目前,C++ 仍是图形开发的主流语言,因此视频中展示的算法均使用 Visual Studio 2017 版的 MFC 应用程序框架进行实现。我们可将本书提供的算法视为一个货架,微课视频视为货架上的货物,这样就可很方便地更换为用 QT、C# 等语言实现的产品。下一步,我们会在不改变算法的前提下,开发出基于不同编程语言的计算机图形学算法微课,感兴趣的读者敬请关注。

本书由孔令德和康凤娥共同编写,其中康凤娥编写第1～6章,孔令德编写第7～8章并进行整体筹划和统稿工作。

热切希望计算机图形领域的专家不吝赐教,并期待与广大计算机图形学同行进行交流。希望本书的出版对读者有所帮助,读者可以直接联系编者获得课件、源程序以及学习指导。

编　者
2021 年 8 月

学习资源

目　　录

第1章 导 论

1.1 计算机图形学的应用领域

计算机图形学(computer graphics,CG)是计算机科学与技术的一个独立分支,是研究如何使用计算机生成图形的一门学科。从二维图形到三维图形,从线框模型表示到真实感图形显示,从静态图形到实时动画,计算机能够表达的图形内容越来越丰富。计算机、手机、汽车仪表盘等设备的图形化界面都需要借助于计算机图形学技术来实现。计算机图形学对游戏、电影、动画、广告等领域产生了巨大的影响,同时促进了相关产业的快速发展。

1.1.1 计算机游戏

计算机游戏提供了一个虚拟空间,可以让人在一定程度上摆脱现实中的自我,扮演真实世界中扮演不了的角色,因而受到了人们的喜爱。计算机游戏的核心技术来自于计算机图形学,如多分辨率地形、角色动画、天空盒纹理、碰撞检测、粒子系统、交互技术、实时绘制等。人们学习计算机图形学的一个潜在目的就是从事游戏开发,计算机游戏已经成为计算机图形学发展的一个重要推动力。

例如,英国 Eidos 公司推出的动作冒险系列游戏《古墓丽影》就是一款著名的电子游戏,讲述的是女主角劳拉的探险历程。图 1-1 为《古墓丽影》游戏的截屏图。该游戏的成功之处在于实时渲染技术的应用,三维场景逼真,角色建模细腻,游戏效果可与电影剧照媲美。

1.1.2 计算机辅助几何设计

计算机辅助几何设计是计算机图形学应用最早的领域,也是当前计算机图形学最成熟的应用领域之一。现在建筑、机械、飞机、汽车、轮船、电子器件等产品的开发几乎都使用 Autodesk 公司出版的 AutoCAD 进行设计。Autodesk 公司发行的另外两个三维建模软件是 3ds max 和 Maya,前者主要采用多边形网格进行建筑物建模,后者主要采用非均匀有理 B 样条技术进行角色建模。图 1-2 是使用 3ds max 软件制作的办公室效果图。

图 1-1 《古墓丽影:暗影》游戏画面

图 1-2 办公室效果图

1.1.3　计算机艺术

计算机艺术是计算机科学与艺术学相结合的一门学科,为设计者提供了一个充分展现个人想象力与艺术才能的新天地。动画是对自然现象的模拟。目前,计算机动画已经广泛应用于影视特效、商业广告、游戏开发和计算机辅助教学等领域。

动画是计算机艺术的典型代表。根据人眼的视觉暂留特性,将一系列静态的画面串接在一起,以 24~30 帧/秒的速率播放,形成运动的效果。动画一般分为帧动画和骨骼动画。帧动画是指以帧为基本单位组织的多个静态画面,通过关键帧插值的方法,可以实现平滑的动画效果。骨骼动画是由互相连接的"骨骼"组成的骨架结构,通过改变骨骼的朝向和位置来生成动画。另外,许多商业广告中还用到网格变形动画的二维图像处理方法,分别在源图像和目标图像两个关键帧上选取任意多个特征点,建立起拓扑上一一对应的三角形网格,如图 1-3(a)所示,使用基于网格的图像变形算法可以插值出一系列中间图像,源图像借助这些中间图像平滑地过渡到目标图像。图 1-3(b)是"猫变虎"网格变形动画效果图。

源图像　　　特征点　　　三角形网格　　目标图像　　　特征点　　　三角形网格

(a) 设计图

(b) 效果图

图 1-3　"猫变虎"网格变形动画

1.1.4　虚拟现实

虚拟现实(virtual reality,VR)是利用计算机生成虚拟环境,逼真地模拟人在自然环境中的视觉、听觉、运动等行为的人机交互技术。VR 涉及计算机图形学、人机交互技术、传感技术、人工智能等领域。从技术的角度而言,VR 具有以下 3 个基本特征,因为这 3 个特征的英文首字母都为 I,所以又称为 3I 特征。

(1) 沉浸感(immersion),指用户感受到虚拟环境中主角的真实程度。

(2) 交互性(interactivity),指用户对虚拟环境中物体的可操作程度和得到反馈的自然程度。

(3) 构想性(imagination),强调虚拟现实技术所具有的想象空间。

虚拟现实的以上 3 个特征可使用户在虚拟环境中随意观察周围的物体,并借助数据手套、头盔显示器等特殊设备,与之进行交互。图 1-4 所示为 Oculus Rift 和 HTC Vive 头戴式显示器。VR 技术的最新发展是增强现实（augmented reality，AR）和混合现实（mixed reality，MR）。

(a) Oculus Rift   (b) HTC Vive

图 1-4　VR 头戴式显示器

1. 增强现实

增强现实是一种将真实环境与虚拟环境进行实时叠加并生成一个全新场景的技术，可以实现人与虚拟物体的交互。基于计算机显示器的 AR 实现方案是，首先将摄像机摄取的真实世界图像输入计算机，然后实时计算摄影机的位置及角度并与计算机图形学系统产生的虚拟物体进行叠加，最后将合成的图像输出到显示器。AR 系统具有 3 个突出的特点：

（1）真实世界与虚拟世界的信息集成；

（2）真实世界与虚拟世界具有实时交互性；

（3）在真实世界中重新定位虚拟世界。

VR 系统追求现实环境的真实再现。AR 系统追求的目标是虚实结合。如图 1-5（a）所示为 Google 眼镜。这款 AR 眼镜具备全透明的镜头，允许用户观察周围环境并进行互动。图 1-5（b）是借助手机屏幕观察 AR 场景：可以看见恐龙自由地在城市公园的冰面上行走。

(a) 增强现实眼镜   (b) 手机中的AR视频

图 1-5　增强现实

2. 混合现实

混合现实指的是合并现实世界和虚拟世界而产生的一种新的可视化环境。例如，手机中的赛车游戏与射击游戏可以通过重力感应来调整方向和方位。工作原理是借助于重力传感器、陀螺仪等设备将真实世界中的"重力""磁力"等特性叠加到虚拟世界中。VR、AR 和 MR 的关系如图 1-6 所示。MR 和 AR 的区别是，MR 是在虚拟世界中增加现实世界的信息，而 AR 是在现实世界中增加虚拟世界的信息。

图 1-6　现实与虚拟的连续区间

1.1.5 计算机辅助教学

MOOC(massive open online courses)、SPOC(small private online course)、微课(micro learning resource)等网络课程借助于互联网将信息技术与教育教学进行了深度融合,通过线上、线下、混合式的形式来打造具有高阶性、创新性和挑战度的金课。计算机图形学是将抽象概念、枯燥公式进行可视化展示的关键技术。

1.2 计算机图形学的概念

计算机图形学是一门研究如何利用计算机表示、生成、处理和显示图形的学科。图形主要分为两类,一类是基于线条表示的几何图形,如工程制图、等高线地图、曲线曲面的线框图等;另一类是基于颜色表示的真实感图形,即先建立线框模型,再建立光照模型,最后渲染成真实感图形。本书研究的是后者。

图形的表示方法分为参数法和点阵法。参数法是在设计阶段采用几何方法建立数学模型时,用形状参数和属性参数描述图形的一种方法。形状参数可以是直线的起点和终点等几何参数;属性参数则包括直线的颜色、线型、宽度等非几何参数。一般用参数法描述的图形仍然称为图形(graph)。点阵法是在显示阶段用具有颜色信息的像素点阵来表示图形的一种方法,描述的图形常称为图像(image)。计算机图形学就是研究将图形的表示法从参数法转换为点阵法的一门学科,简单地说,计算机图形学就是一门研究如何将图形转换为图像的学科。直线的图形如图 1-7(a)所示;直线的图像如图 1-7(b)中的实心黑色小圆所示,是一组离散的像素点集合。早期的计算机图形通常是指由点、线、面等元素表达的三维物体,而现代的计算机则可以生成现实场景的完全逼真图像,导致了人们常把图形和图像的称谓混淆,但二者还是有区别的:图形更强调场景的几何表示,由场景的几何模型和景物的物理属性共同组成;而图像是指计算机内以位图形式存在的颜色信息。图形是向量图,图像是位图。

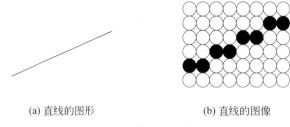

(a) 直线的图形   (b) 直线的图像

图 1-7 直线的光栅化

计算机图形学是建立在传统的图学理论、应用数学及计算机科学基础之上的一门学科。计算机图形学主要有"程序设计语言""线性代数""数据结构"等先行课。在图形图像处理领域,标准的开发工具是 C++ 语言,编程环境常用 Visual Studio。

1.3　计算机图形学的相关学科

与计算机图形学密切相关的学科有计算机辅助几何设计、图像处理和计算机视觉等。计算机图形学是研究如何利用计算机把描述图形的几何模型通过指定的算法和程序转化为图像并进行显示的一门学科。计算机辅助几何设计是研究几何对象在计算机内的表示、分析和综合的学科。图像处理是指用计算机对图像进行增强、去噪、复原、分割、重建、编码、存储、压缩、恢复等不同处理方法的学科。计算机视觉是研究如何使机器"看"的学科,是指用计算机代替人眼对目标进行识别、跟踪和测量的学科。计算机图形学、计算机辅助几何设计、图像处理和计算机视觉之间的关系如图 1-8 所示。

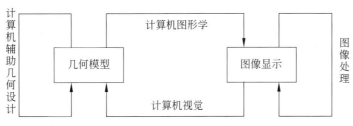

图 1-8　计算机图形学与相关学科之间的关系

计算机辅助几何设计建立物体的三维模型。计算机图形学将三维模型"画"为二维图像。图像处理是用计算机处理从外界获得的图像。计算机视觉根据获取的图像来理解和识别其中的物体的三维信息。实际上,计算机图形学、图像处理和计算机视觉在很多地方的区别不是非常清晰,很多概念是相通的。随着研究的不断深入,这些学科方向也在不断地交叉融合,形成了一个更大的学科方向——可视计算。

1.4　计算机图形学的确立与发展

计算机图形学的诞生可以追溯到 20 世纪 60 年代初。计算机图形学的发展是与计算机硬件技术,特别是显示器制造技术的发展密不可分的。

1950 年,美国麻省理工学院(Massachusettes Institute of Technology,MIT)的旋风一号(Whirlwind Ⅰ)计算机配备了世界上第一台显示器——阴极射线管(cathode ray tube,CRT),使计算机摆脱了纯数值计算的单一用途,能够进行简单的图形显示,但当时还不能对图形进行交互操作。当时的图形学被称为"被动式"计算机图形学。

20 世纪 50 年代末期,MIT 的林肯实验室在旋风计算机上开发了 SAGE(semi-automatic ground environment,半自动地面防空系统)。为了保护美国本土不受敌方远程轰炸机携带核弹的突然侵袭,设想在美国各地布置一百多个雷达站,将检测到的敌机进袭航迹用通信雷达网迅速地传送到空军总部,空军指挥员可以从总部的计算机显示器上跟踪敌机的行踪,命令就近的军分区进行拦击。SAGE 于 1957 年投入试运行,已经能够将雷达信号转换为显示器上的图形并具有简单的人机交互功能,操作者使用光笔点击屏幕上的目标即可获得敌机的飞行信息,这是人类第一次使用光笔在屏幕上选取图形。虽然 SAGE 计划并未完全实施,到 20 世纪 60 年代中期就停止了,但这个系统可以说是"主动式"计算机图形学的雏形,它的研究成果预示着交互式图形生成技术的诞生。

1963 年,麻省理工学院的 Ivan E.Sutherland 完成了题为《Sketchpad:一个人机通信的图形系统》(Sketchpad:A Man-Machine Graphical Communication System)的博士学位论文,开发出有史以来第一个交互式绘图软件。该论文证实了交互式计算机图形学是一个可行的、有应用价值的研究领域,标志着计算机图形学作为一个崭新的学科的开始。借助于 Sketchpad 软件,可以使用光笔在屏幕上绘制简单图形,并对图形进行选择、定位等交互操作。光笔顶部有一个光电管,与 CRT 显示器配合使用,可以在屏幕上进行绘图等操作。Sutherland 为计算机图形学技术的诞生做出了巨大的贡献,被称作计算机图形学之父。1988 年,Ivan E.Sutherland 被授予美国计算机学会颁发的图灵奖(A. M.Turing Award)。获奖原因是由于在计算机图形学方面开创性和远见性的贡献,其所建立的技术历经 20、30 年依然有效。图灵奖是计算机科学与技术领域的最高奖获,也被称为计算机界的诺贝尔奖。

20 世纪 70 年代到 80 年代是计算机图形学发展过程中一个重要的历史时期。由于光栅扫描显示器的诞生,图形显示技术从线框模型向表面模型进行转换,以提升三维图形的表现能力。在 20 世纪 60 年代就已经萌芽的光栅图形学算法迅速地发展起来,区域填充、裁剪、消隐等基本图形概念及其相应的算法纷纷诞生,图形学进入了第一个全盛的发展时期。1971 年,Gouraud 提出了双线性光强插值模型,被称为 Gouraud 明暗处理。1975 年,Phong 提出了双线性法矢插值模型,被称为 Phong 明暗处理。1980 年,Whitted 提出了透射光模型,并第一次给出光线跟踪算法的范例。1984 年,美国康奈尔大学和日本广岛大学的学者分别将热辐射工程中的辐射度方法引入计算机图形学中,成功地模拟了理想漫反射表面间的多重反射效果;光线跟踪算法和辐射度方法的提出,标志着真实感图形的显示算法已趋于成熟。

以上这些都是 20 世纪计算机图形学的开创性工作,但同时也应该注意到,与其他学科相比,此时的计算机图形学还是一个很小的学科领域,其原因主要是图形设备昂贵、功能简单、应用软件匮乏。从学术角度看,一个重要的事件是 1969 年由美国计算机协会发起成立的计算机图形学专业组(special interest group for computer graphics,SIGGRAPH),并于 1973 年成功举办了第一次年会。这两件事标志着计算机图形学作为一个主要的学科分支的出现。从那时起,SIGGRAPH 年会成为了计算机图形学界的顶级会议。SIGGRAPH 每年吸引近万余名参会者,只录用几十篇论文。这些论文的学术水平较高,基本上代表了计算机图形学研究的主流方向。

我国的计算机图形学与计算机辅助几何设计等方面的研究开始于 20 世纪 60 年代中后期。计算机图形学在我国的应用从 20 世纪 70 年代起步,如今已在电子、机械、航空、建筑、造船、轻纺、影视等部门的产品设计、工程设计和广告制作中得到了广泛应用,并取得了明显的经济效益和社会效益。我国每年举办一次全国性的"CG/CAD 学术会议",会议上的报告和论文基本上代表了国内的计算机图形学研究的最高水平。

在学科开创之初,计算机图形学要解决的是如何在计算机中表示三维几何图形,以及如何利用计算机进行图形的生成、处理和显示的相关原理与算法,产生令人赏心悦目的真实感图像。这是狭义的计算机图形学的范畴。随着近 50 年的发展,计算机图形学的内容已经远远不止这些了。广义的计算机图形学的研究内容非常广泛,如图形硬件、图形标准、图形交互技术、光栅图形生成算法、曲线曲面造型、实体造型、真实感图形计算与显示算法,以及科学计算可视化、计算机动画、自然景物仿真、虚拟现实等。

1.5 图形显示器的发展及其工作原理

如前所述,推动计算机图形学不断发展的一个重要因素是图形显示器的更新换代。图形显示器是计算机图形学发展的硬件依托,其发展过程主要经历了随机扫描显示器、直视存储管显示器、光栅扫描显示器和液晶显示器等阶段。这里主要介绍后两种显示器。

1.5.1 阴极射线管

阴极射线管(cathode ray tube,CRT)是光栅扫描显示器的显示部件,其功能与电视机的显像管类似,主要由电子枪、偏转系统、荫罩板、荧光粉层及玻璃外壳 5 部分组成。图 1-9 为 CRT 的结构示意图。电子枪由灯丝、阴极、控制栅组成,彩色 CRT 中有红、绿、蓝 3 支电子枪。CRT 通电后,灯丝发热,阴极被激发并射出电子,电子受到控制栅的调节形成电子束。电子束经聚焦系统聚焦后,通过加速系统加速,轰击到荧光粉层上的呈三角形排列的红、绿、蓝荧光点上产生彩色,偏转系统可以控制电子束在指定的位置上轰击荧光粉层,整个荧光屏依次扫描完毕后,所有荧光点的强度组成一帧彩色图像。

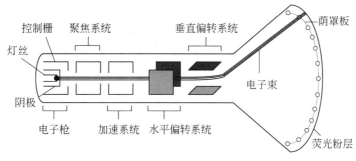

图 1-9 CRT 的结构示意图

1.5.2 光栅扫描显示器

20 世纪 70 年代初,出现了基于电视技术的光栅扫描显示器。这极大地推动了计算机图形学的发展,是图形显示技术走向成熟的一个标志。彩色光栅扫描显示器的出现,更是将人们带入了一个色彩斑斓的世界。

1. 像素

光栅扫描显示器是一种画点设备,可看作是一个离散的点阵单元发生器,并可控制每个点阵单元的强度,这些点阵单元被称为像素(picture element 或 pixel)。除特殊情况外,光栅扫描显示器不能从单元阵列中的一个像素点直接画一段精确的直线到达另一个像素点,只能用靠近这段直线路径的像素点集来近似地表示。图 1-10 是一个图标局部放大后观察到的像素形状。

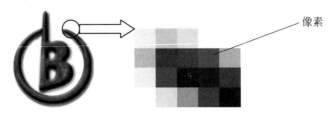

图 1-10　博创研究所图标局部放大后的像素显示

2. 扫描线

为了能让光栅扫描显示器在整个屏幕上显示出图形,电子束需要从屏幕的左上角开始,沿着水平方向从左至右匀速扫描,到达第一行的屏幕右端之后,电子束立即回到屏幕左端下一行的起点位置,再匀速地向右端扫描……一直扫描到屏幕的右下角,所有的荧光点强度组成一帧图像。为了避免屏幕闪烁,电子束又立即返回到屏幕的左上角,按照帧缓冲存储器中存储的内容重新开始扫描,如图 1-11 所示。电子束从左至右、从上至下有规律地周期运动,在屏幕上留下的矩形点阵称为光栅。

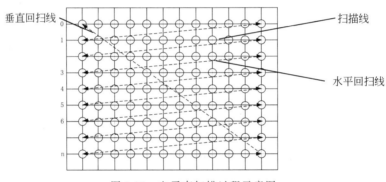

图 1-11　电子束扫描过程示意图

3. 位面与帧缓冲器

帧缓冲器是显示存储器内用于存储图像的一块连续内存区域。光栅扫描显示器使用帧缓冲器存储屏幕上每个像素的颜色信息,帧缓冲器使用位面与屏幕像素一一对应,用于保存颜色的深度值。当 CRT 电子束自顶向下逐行扫描时,从帧缓冲器中取出相应像素的颜色信息显示到屏幕上。

如果每个像素用 RGB 三原色混合表示,其中每种原色分别用 1B 表示,各对应一支电子枪。每支电子枪各有 8 个位面的帧缓冲器和 8 位的数模转换器,可显示 2^8 种亮度,3 种原色的组合是 2^{24} 种颜色,共有 24 个位面,称为 24 位真彩色显示器。如屏幕为 1024×768,则彩色显示器的帧缓冲器容量是 $1024 \times 768 \times 8 \times 3B = 2.25MB$,如图 1-12 所示。

4. 视频控制器

视频控制器用于在帧缓冲与屏幕像素之间建立起一一对应关系,如图 1-13 所示。光栅扫描显示器的视频控制器反复扫描帧缓冲,读出像素的位置坐标 (x, y) 和颜色值 c 送给相应的地址寄存器,并经过数模转换后翻译为模拟信号。视频控制器将电子束偏转到 (x, y) 位置,并以 c 指定的颜色强度轰击荧光屏形成图像。

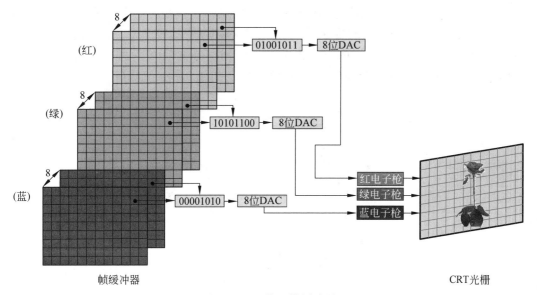

图 1-12　24 位面帧缓冲器

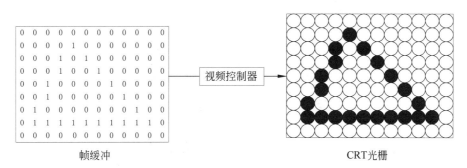

图 1-13　视频控制器

　　CRT 显示器受显示原理的制约,体积偏大,无法满足便携移动办公的需要,CRT 显示器已经退出图形的主流市场,目前广泛使用的是液晶显示器。

1.5.3　液晶显示器

　　液晶是一种介于固态与液态之间,具有规则性分子排列的有机化合物。在电场作用下,液晶分子会发生旋转,如闸门般阻隔或透过光线。将液晶置于安装着透明电极的两片导电玻璃之间,透明电极外侧有两个偏振方向互相垂直的偏振片。也就是说,若第一个偏振片上的分子南北向排列,则第二个偏振片上的分子东西向排列,而位于两个偏振片之间的液晶分子被强迫进入一种 90°扭转的状态。由于光线顺着分子排列的方向传播,所以光线经过液晶时也被扭转 90°,就可以通过第二个偏振片。如果没有电极间的液晶,光线通过第一个偏振片后其偏振方向将和第二个偏振片完全垂直,因此被完全阻挡了。液晶对光线偏振方向的旋转可以通过电场控制,从而实现对光线的控制。

　　图 1-14 中,当电场未加电压时,液晶分子螺旋排列,通过一个偏振片的光线在通过液晶后偏振方向发生旋转,从而能够顺利通过另一个偏振片,产生白色。图 1-15 中,如果电场将

全部控制电压加到透明电极上后,液晶分子将几乎完全顺着电场方向平行排列,因此通过一个偏振片的光线的偏振方向没有旋转,结果光线被完全阻塞了,产生黑色。通过调整电场电压大小,可以控制液晶分子排列的扭曲程度,从而产生不同的灰度。由于液晶本身没有颜色,所以用彩色滤光片来产生各种颜色。彩色 LCD 中,每个像素分成三原色,可以产生 24 位真彩色。

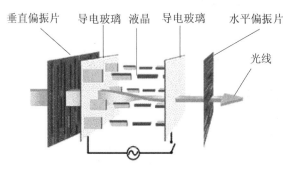

图 1-14 LCD 显示器加电压前

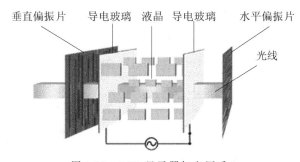

图 1-15 LCD 显示器加电压后

LCD 显示器有体积小(平板形)、重量轻、图像无闪烁、无辐射的优点。主要缺点是视角比 CRT 显示器窄、使用寿命短。与 CRT 显示器的宽高比 4∶3 不同,目前的液晶显示器采用了 16∶9 的屏幕宽高比,图像更加细腻清晰。不过 16∶9 也有几个"变种",比如 15∶9 和 16∶10,由于其比例和 16∶9 比较接近,因此这 3 种屏幕比例的液晶显示器都可以称为宽屏。

1.6 图形软件标准

图形软件标准最初是为提高软件的可移植性而提出的。早期各硬件厂商基于自己生产的图形显示设备开发的图形软件包是为其专用设备提供的,彼此互不兼容,如果不经过大量的修改程序工作,常常不能直接移植到另一个硬件系统上使用。

1974 年,美国国家标准学会(ANSI)在 SIGGRAPH 的一个"与机器无关的图形技术"的工作会议上,提出了图形软件标准化问题。此后,国际标准化组织(ISO)批准的第一个图形软件标准是图形核心系统(graphical kernel system,GKS)。GKS 是一个二维图形软件标准,其三维扩充 GKS3D 于 1988 年被批准为三维图形软件标准。GKS 最早是由德国标准化协会提出的,1982 年被 ISO 决定作为国际图形软件标准。1986 年 ISO 又公布了第二个图形软件标准:程序员级的分层结构交互图形系统(programmer's hierarchical interactive graphics system,PHIGS)。PHIGS 是对 GKS 的扩充,增加的功能有对象建模、彩色设定、表面绘制和图形管理等。此后,PHIGS 的扩充称为 PHIGS+,用于提供 PHIGS 所没有的三维表面明暗处理功能。这些标准的制定,为计算机图形学的推广应用起到了重要的推动作用。

进入 20 世纪 90 年代以后,ISO 公布了大量的图形软件标准,同时也存在着一些事实上的图形软件标准,如 OpenGL、DirectX 等。

OpenGL(open graphics library)是一个开放式的三维图形软件标准。OpenGL 独立于操作系统,可以方便地在各种平台间进行移植。无论是从个人机、工作站或超级计算机,利用 OpenGL 标准都能实现高性能的三维图形。OpenGL 的核心库包括一百多个用于三维图形操作的函数,除了提供基本的点、线和多边形的绘制函数外,还提供了复杂的三维物体以及复杂曲线曲面的绘制函数,并负责处理对象的外形描述、几何变换和投影变换、绘制三维物体、光照和材质设置、颜色模式设置、着色、位图显示与图像增强、纹理映射、动画制作、交互操作等三维图形图像操作。OpenGL 与 Visual C++ 紧密结合,便于开发出高质量的图形应用软件。

DirectX 是微软公司在 Microsoft Windows 操作系统上所开发的一套 3D 绘图编程接口,是 DirectX 的一部分。DirectX 在游戏开发中得到了广泛的应用。

现在,图形标准正朝着标准化、高效率、开放式的方向发展。

1.7 计算机图形学研究的热点技术

计算机图形学主要研究在计算机上利用算法和程序生成图像的理论、方法和技术。20 世纪 80 年代以来,计算机图形学的一个研究热点是生成具有高度真实感的图形,即所谓"具有和照片一样真实的图形"。多年来,国内外学者提出了许多算法,使得计算机上绘制的图形效果已经达到"以假乱真"的程度。真实感图形的绘制技术可以分为两类:基于几何的绘制技术(geometry based rendering,GBR)和基于图像的绘制技术(image based rendering,IBR)。

1.7.1 基于几何的绘制技术

GBR 是一种经典的技术,即先建立物体的三维几何模型,然后将照相机拍摄的物体各个侧面的二维照片作为纹理图像,映射到几何模型的相应表面上,最后根据光照条件,计算透视投影后物体可见表面上的光照效果。GBR 技术的优点是可以在不同场景之间进行连续移动,缺点是建模工作量巨大。

1.7.2 基于图像的绘制技术

与 GBR 不同,IBR 是一种基于图像的绘制技术。IBR 技术是从一些预先拍摄好的照片出发,通过一定的插值、混合、变形等操作,生成一定范围内不同视点处的真实感图像。IBR 技术实质上是在立方体框架内建立每个场景,立方体的 6 个表面内部贴着全景图。IBR 技术与场景复杂度相互独立,彻底摆脱了 GBR 技术中场景复杂度的实时瓶颈,绘制真实感图像的时间仅与照片的分辨率有关。IBR 技术的缺点是视点被限制在立方体内,只能实现固定视点的环视和不同场景之间视点的切换。

1.8　本 章 小 结

本章从计算机图形学的应用领域出发,介绍了计算机图形学、图形、图像、像素等基本概念。计算机图形学是基于图形显示器的发展而发展起来的一门学科。目前,液晶显示器是使用最为广泛的图形显示器,图形的绘制过程就是将屏幕像素设置为指定颜色的过程。计算机图形学研究的热点技术主要是 GBR 技术和 IBR 技术,这两项技术在虚拟漫游或游戏开发中得到了广泛的应用。

习　题　1

1. 计算机图形学的定义是什么? 说明计算机图形学、计算几何、图像处理和模式识别之间的关系。

2. 什么是虚拟现实,虚拟现实的 3I 特征是什么? 什么是增强现实,增强现实与虚拟现实有何异同?

3. 名词解释:点阵法、参数法、图形、图像的含义。

4. CRT 显示器由几部分组成? CRT 显示器的工作原理是什么?

5. 如何计算帧缓冲存储器的容量? 若要在 800×600 的屏幕分辨率下显示 256 色灰度图像,帧缓冲器的容量至少应为多少?

6. 液晶显示器已经成为主流的图形显示器,简述液晶显示器的工作原理?

7. 真实感图形显示算法趋于成熟的标志是什么?

第2章　基本图形的光栅化

直线、圆和椭圆是二维场景中的基本图形。尽管 MFC 的 CDC 类已经提供了相关的绘图函数，但直接使用这些成员函数仍然无法完全满足计算机图形学的绘图要求，如对基本图形进行反走样处理、绘制颜色光滑过渡的直线等。基本图形的光栅化就是在像素点阵中确定最佳逼近理想图形的像素点集，并用指定颜色显示这些像素点集的过程。当光栅化与按扫描线顺序绘制图形的过程结合在一起时，也称为扫描转换。本章从基本图形的生成原理出发，使用绘制像素点函数研究基本图形的光栅化算法。

2.1　直线的光栅化

光栅扫描显示器是画点设备，因此不能直接从一点到另一点绘制一段直线。直线光栅化的结果是一组在几何上距离理想直线最近的离散像素点集。图 2-1 中，像素使用放大了很多倍的小圆表示。白色空心圆表示未选择的像素点，黑色实心圆表示已选择的像素点。

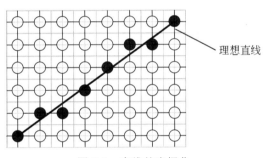

图 2-1　直线的光栅化

计算机图形学要求直线的绘制速度要快，即尽量使用加法、减法，避免乘、除、开方、三角等复杂运算。有多种算法可以对直线进行光栅化，例如 DDA 算法、Bresenham 算法、中点算法等。本节重点介绍 Bresenham 算法和中点算法。对于直线，中点算法不仅与 Bresenham 算法产生同样的像素点集，而且还可以推广至对圆和椭圆进行光栅化，例如圆的中点算法和椭圆的中点算法。

给定理想直线的起点坐标为 $P_0(x_0, y_0)$，终点坐标为 $P_1(x_1, y_1)$，用斜截式表示的直线方程为

$$y = kx + b \tag{2-1}$$

其中，直线的斜率为 $k = \dfrac{\Delta y}{\Delta x} = \dfrac{y_1 - y_0}{x_1 - x_0}$，$\Delta x = x_1 - x_0$ 为水平方向位移，$\Delta y = y_1 - y_0$ 为垂直方向位移，b 为 y 轴上的截距。

光栅化算法中，常根据 $|\Delta x|$ 和 $|\Delta y|$ 的大小来确定绘图的主位移方向。在主位移方向上执行的是 ± 1 操作，另一个方向上是否 ± 1，需要建立误差项来判定。如果 $|\Delta x| > |\Delta y|$，

则取 x 方向为主位移方向,如图 2-2(a)所示;如果 $|\Delta x|=|\Delta y|$,取 x 方向为主位移方向或取 y 方向为主位移方向皆可,如图 2-2(b)所示;如果 $|\Delta x|<|\Delta y|$,则取 y 方向为主位移方向,如图 2-2(c)所示。

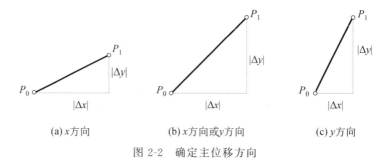

(a) x 方向   (b) x 方向或 y 方向   (c) y 方向

图 2-2 确定主位移方向

除特别声明外,以下给出的直线光栅化算法是针对斜率满足 $0 \leqslant k \leqslant 1$ 的情形,其他斜率情况下,可以根据直线的对称性计算。第一象限包含两个八分象限。斜率满足 $0 \leqslant k \leqslant 1$ 的情形位于第一个八分象限内,斜率 $k > 1$ 的情形位于第二个八分象限内,如图 2-3 所示。

说明:在计算机图形学中,"直线"这个术语表示一段直线,而不是数学意义上两端无限延伸的直线。

2.1.1 DDA 算法

数值微分法(digital differential analyzer,DDA)是用数值方法求解微分方程的一种算法。式(2-1)的微分表示为

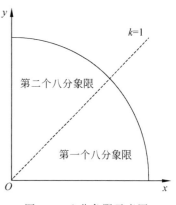

图 2-3 八分象限示意图

$$\frac{\mathrm{d}y}{\mathrm{d}x} = \frac{\Delta y}{\Delta x} = k \tag{2-2}$$

将式(2-2)数字化,得到

$$\begin{cases} x_{i+1} = x_i + \mathrm{StepX}_i \\ y_{i+1} = y_i + \mathrm{StepY}_i \end{cases} \tag{2-3}$$

式中,StepX_i 为 x 方向的坐标增量,StepY_i 为 y 方向的坐标增量。

式(2-3)表示直线上的像素 P_{i+1} 与像素 P_i 的递推关系。可以看出,x_{i+1} 和 y_{i+1} 的值可以根据 x_i 和 y_i 的值推算出来,这说明 DDA 算法是一种增量算法。在一个迭代算法中,如果每一步的 x 和 y 值是用前一步的值加上一个增量来获得的,那么,这种算法就称为增量算法。

1. 第一个八分象限内的 DDA 算法

当直线的斜率满足 $0 \leqslant k \leqslant 1$ 时,有 $\Delta x \geqslant \Delta y$,所以 x 方向为主位移方向。取 $\mathrm{StepX}_i = 1$,有 $\mathrm{StepY}_i = k$。DDA 算法简单表述为

$$\begin{cases} x_{i+1} = x_i + 1 \\ y_{i+1} = y_i + k \end{cases} \tag{2-4}$$

如图 2-4 所示，$P_i(x_i,y_i)$ 为理想直线的起点光栅化后的像素点。$Q(x_i+1,y_i+k)$ 为理想直线与下一列垂直网格线 $x_{i+1}=x_i+1$ 的交点。从 P_i 像素出发，沿主位移 x 方向上递增一个单位，下一列上只有一个像素被选择，候选像素为 $P_u(x_i+1,y_i+1)$ 和 $P_d(x_i+1,y_i)$。最终选择哪个像素，可以通过对直线斜率进行圆整计算来决定。

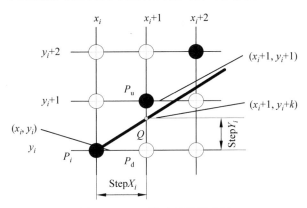

图 2-4　DDA 算法原理示意图

式 (2-4) 中，x 方向的增量为 1，y 方向的增量为 k。x 是整型变量，y 和 k 是浮点型变量。DDA 算法使用宏命令 $\mathrm{ROUND}(y_{i+1})=\mathrm{int}(y_{i+1}+0.5)$，来选择 P_d 像素（$y_{i+1}=y_i$），或者选择 P_u 像素（$y_{i+1}=y_i+1$）。这种圆整计算选择距离直线最近的像素点，即

$$y_{i+1}=\begin{cases} y_i+1, & k\geqslant 0.5 \\ y_i, & k<0.5 \end{cases} \tag{2-5}$$

图 2-5 中，M（midpoint）点是 P_u 像素和 P_d 像素联系的网格中点，坐标为 $(x_i+1,y_i+0.5)$。这里，下标"u"代表 up，"d"代表 down。通过对 Q 点进行圆整，可以决定下一步是选取像素 P_u 还是选取像素 P_d。

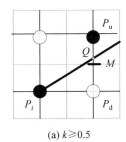 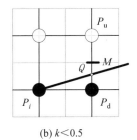

(a) $k\geqslant 0.5$　　　　　　　(b) $k<0.5$

图 2-5　圆整计算

算法 1：第一个八分象限的直线 DDA 算法

2. DDA 通用算法

前面给出的是第一个八分象限的 DDA 算法，为了使用 DDA 算法绘制任意斜率的直线，即实现通用算法，需要考虑斜率的两种情况，即 $|k|\leqslant 1$ 和 $|k|>1$。

当 $|k|\leqslant 1$ 时，有 $|\Delta x|\leqslant|\Delta y|$，$x$ 方向为主位移方向。那么，$\mathrm{StepX}_i=\dfrac{\Delta x}{|\Delta x|}=1$，$\mathrm{StepY}_i=$

$\dfrac{\Delta y}{|\Delta x|}=k$，有

$$\begin{cases}x_{i+1}=x_i\pm 1\\ y_{i+1}=y_i\pm k\end{cases} \tag{2-6}$$

当 $|k|>1$ 时，有 $|\Delta x|<|\Delta y|$，y 方向为主位移方向。那么，$\mathrm{StepX}_i=\dfrac{\Delta x}{|\Delta y|}=\dfrac{1}{k}$，$\mathrm{StepY}_i$
$=\dfrac{\Delta y}{|\Delta y|}=1$，有

$$\begin{cases}x_{i+1}=x_i\pm \dfrac{1}{k}\\ y_{i+1}=y_i\pm 1\end{cases} \tag{2-7}$$

DDA 算法计算一个像素点时，需要做两次除法运算以决定增量值。DDA 算法要求必须采用浮点数运算，并对每一步都进行四舍五入，不适合硬件实现。

算法 2：通用直线的 DDA 算法

2.1.2 Bresenham 算法

1965 年，Bresenham 为数字绘图仪开发了一种绘制直线的算法，如图 2-6 所示。

该算法同样适用于光栅扫描显示器，被称为 Bresenham 算法。Bresenham 算法是一个只使用整数运算的经典算法，能够根据前一个已知坐标 (x_i,y_i) 进行增量运算得到 (x_{i+1}, y_{i+1})，而不必进行取整操作。

1. 第一个八分象限 Bresenham 算法原理

Bresenham 算法在主位移方向上每次递增一个单位。另一个方向的增量为 0 或 1，取决于像素点与理想直线的距离，这一距离称为误差项，误差项用 d 表示。

图 2-7 中，直线位于第一个八分象限内，$0\leqslant k\leqslant 1$，因此 x 方向为主位移方向。$P_i(x_i,y_i)$ 点为当前像素，$Q(x_i+1,y_i+d)$ 为理想直线与下一列垂直网格线的交点。假定直线的起点为 P_i，该点位于网格点上，所以 d_i 的初始值为 0。

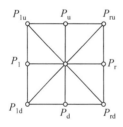

图 2-6　数字绘图仪画笔运动路径

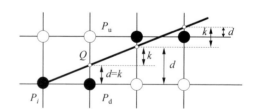

图 2-7　Bresenham 算法原理

沿 x 方向递增一个单位，即 $x_{i+1}=x_i+1$。下一个候选像素是 $P_d(x_i+1,y_i)$ 或 $P_u(x_i+1,y_i+1)$。究竟是选择 P_u 还是 P_d，取决于交点 Q 的位置，而 Q 点的位置是由直线的斜率决定的。Q 点与像素 P_d 的误差项为 $d_{i+1}=k$。当 $d_{i+1}<0.5$ 时，像素 P_d 距离 Q 点近，选取 P_d；当 $d_{i+1}>0.5$ 时，像素 P_u 距离 Q 点近，选取 P_u；当 $d_{i+1}=0.5$ 时，像素 P_d 与 P_u 到 Q 点的距离相等，选取任意一个像素均可，约定选取 P_u。

因此

$$y_{i+1}=\begin{cases}y_i+1, & d_{i+1}\geqslant 0.5\\ y_i, & d_{i+1}<0.5\end{cases}\tag{2-8}$$

其中的关键在于递推计算误差项 d_i。沿 x 方向递增一个单位,有 $d_{i+1}=d_i+k$。一旦 y 方向上走了一步,就将其减去1。由于只需要检查误差项的符号,令 $e_{i+1}=d_{i+1}-0.5$,以消除小数的影响。式(2-8)改写为

$$y_{i+1}=\begin{cases}y_i+1, & e_{i+1}\geqslant 0\\ y_i, & e_{i+1}<0\end{cases}\tag{2-9}$$

取 e 的初始值为 $e_0=-0.5$。沿 x 方向每递增一个单位,有 $e_{i+1}=e_i+k$。当 $e_{i+1}\geqslant 0$ 时,下一像素更新为 (x_i+1,y_i+1),同时将 e_{i+1} 更新为 $e_{i+1}-1$;否则,下一像素更新为 (x_i+1,y_i)。

2. 整数 Bresenham 算法原理

虽然当前点的 x 坐标和 y 坐标均使用了加1或减1的整数运算。但是在递推计算直线误差项 e 时,仍然使用了浮点数 k,除法参与了运算。按照 Bresenham 的说法,使用整数运算可以加快算法的速度。应对算法进行修正,以避免除法运算。由于 Bresenham 算法中只用到误差项的符号,而 Δx 在第一个八分象限内恒为正,可以进行如下替换 $e=2\Delta xe$。改进的整数 Bresenham 算法为 e 的初值为 $e_0=-\Delta x$,沿 x 方向每递增一个单位,有 $e_{i+1}=e_i+2\Delta y$。当 $e_{i+1}\geqslant 0$ 时,下一像素更新为 (x_i+1,y_i+1),同时将 e_{i+1} 更新为 $e_{i+1}-2\Delta x$;否则,下一像素更新为 (x_i+1,y_i)。

算法 3:第一个八分象限直线的 Bresenham 算法

3. 通用整数 Bresenham 算法原理

以上整数 Bresenham 算法绘制的是第一个八分象限内的直线。在绘制图形时,要求编程实现能绘制任意斜率的通用直线。根据对称性,可以设计通用整数 Bresenham 算法。图 2-8 中,x 和 y 是加1还是减1,取决于直线所在的象限。例如,对于第一个八分象限($0\leqslant k\leqslant 1$),x 方向为主位移方向。Bresenham 算法的原理为 x 每次加1,y 根据误差项决定是加1或者加0;对于第二个八分象限,y 方向为主位移方向。Bresenham 算法的原理为 y 每次加1,x 是否加1需要使用误差项来判断。使用通用整数 Bresenham 算法绘制从原点发出的 360 条射线,效果如图 2-9 所示。

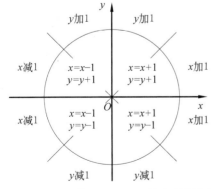

图 2-8 通用整数 Bresenham 算法判别条件

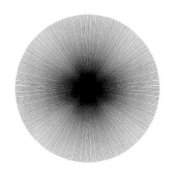

图 2-9 直线算法的校核图

算法 4:通用直线的 Bresenham 算法

2.1.3 中点算法

中点算法是基于隐函数方程设计的,使用像素网格中点来判断如何选取距离理想直线最近的像素点。

1. 第一个八分象限中点算法原理

中点算法的原理如下:每次沿主位移方向上递增一个单位,另一个方向上增量为 1 或 0,取决于中点误差项的值。

由式(2-1)得到理想直线的隐函数方程为

$$F(x,y) = y - kx - b = 0 \tag{2-10}$$

理想直线将平面划分成 3 个区域:对于直线上的点,$F(x,y) = 0$;对于直线上方的点,$F(x,y) > 0$;对于直线下方的点,$F(x,y) < 0$。

考查斜率位于第一个八分圆域内的理想直线。假定直线上的当前像素为 $P_i(x_i, y_i)$,Q 点是直线与网格线的交点。沿着主位移 x 方向上递增一个单位,即执行 $x_{i+1} = x_i + 1$,下一像素点将从 $P_u(x_i+1, y_i+1)$ 和 $P_d(x_i+1, y_i)$ 两个候选像素中选取。连接像素 P_u 和像素 P_d 的网格中点为 $M(x_i+1, y_i+0.5)$,如图 2-10 所示。显然,若中点 M 位于理想直线的下方,则像素 P_u 距离直线近;否则,像素 P_d 距离直线近。

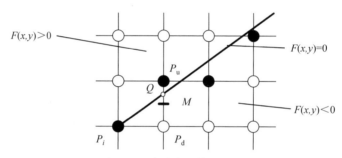

图 2-10　直线中点算法原理

2. 构造中点误差项

从 $P_i(x_i, y_i)$ 像素出发,沿主位移方向选取直线上的下一像素时,需要将连接 P_u 和 P_d 两个候选像素连线的网格中点 M 代入隐函数方程(2-10),构造中点误差项 d_i

$$\begin{aligned} d_i &= F(x_i+1, y_i+0.5) \\ &= y_i + 0.5 - k(x_i+1) - b \end{aligned} \tag{2-11}$$

当 $d_i < 0$ 时,中点 M 位于直线的下方,像素 P_u 距离直线近,下一像素应选取 P_u,即 y 方向上增量为 1;当 $d_i > 0$ 时,中点 M 位于直线的上方,像素 P_d 距离直线近,下一像素应选取 P_d,即 y 方向上增量为 0;当 $d_i = 0$ 时,中点 M 位于直线上,像素 P_u、P_d 与直线的距离相等,选取任意一个像素均可,约定选取 P_d,如图 2-11 所示。

因此

$$y_{i+1} = \begin{cases} y_i + 1, & d_i < 0 \\ y_i, & d_i \geqslant 0 \end{cases} \tag{2-12}$$

3. 中点误差项的递推公式

图 2-11 中,根据当前像素 P_i 确定下一像素是选取 P_u 还是选取 P_d 时,使用了中点误

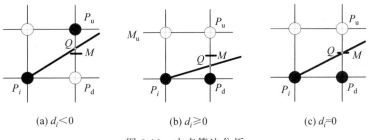

(a) $d_i < 0$ (b) $d_i \geqslant 0$ (c) $d_i = 0$

图 2-11 中点算法分析

差项 d 进行判断。为了能够继续光栅化直线上的后续像素,需要给出中点误差项的递推公式与初始值。

在主位移 x 方向上已递增一个单位的情况下,考虑沿 x 方向再递增一个单位,应该选择哪个网格中点来计算误差项,分两种情况讨论。

当 $d_i < 0$ 时,下一步进行判断的中点为 $M_u(x_i+2, y_i+1.5)$,如图 2-12(a)所示。中点误差项的递推公式为

$$
\begin{aligned}
d_{i+1} &= F(x_i+2, y_i+1.5) \\
&= y_i+1.5-k(x_i+2)-b \\
&= y_i+0.5-k(x_i+1)-b+1-k \\
&= d_i+1-k
\end{aligned}
\tag{2-13}
$$

中点误差项的增量为 $1-k$。

当 $d_i \geqslant 0$ 时,下一步进行判断的中点为 $M_d(x_i+2, y_i+0.5)$,如图 2-12(b)所示。中点误差项的递推公式为

$$
\begin{aligned}
d_{i+1} &= F(x_i+2, y_i+0.5) \\
&= y_i+0.5-k(x_i+2)-b \\
&= y_i+0.5-k(x_i+1)-b-k \\
&= d_i-k
\end{aligned}
\tag{2-14}
$$

中点误差项的增量为 $-k$。

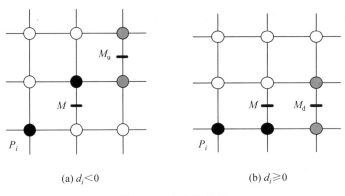

(a) $d_i < 0$ (b) $d_i \geqslant 0$

图 2-12 中点的递推

4. 中点误差项的初始值

直线的起点坐标光栅化后的像素为 $P_0(x_0, y_0)$。从像素 P_0 出发沿主位移 x 方向递增一个单位,第一个参与判断的中点是 $M(x_0+1, y_0+0.5)$。代入中点误差项计算公式(2-11),d 的初始值为

$$
\begin{aligned}
d_0 &= F(x_0+1, y_0+0.5) \\
&= y_0 + 0.5 - k(x_0+1) - b \\
&= y_0 - kx_0 - b - k + 0.5
\end{aligned}
$$

其中,因为像素 $P_0(x_0, y_0)$ 位于直线上,所以 $y_0 - kx_0 - b = 0$,则

$$
d_0 = 0.5 - k \tag{2-15}
$$

5. 中点算法整数化

上述的中点算法有一个缺点:在计算中点误差项 d 时,其初始值与递推公式中分别包含小数 0.5 和斜率 k。由于中点算法只用到 d 的符号,可以使用正整数 $2\Delta x$ 乘以 d 来摆脱小数运算:

$$
e_i = 2\Delta x d_i
$$

整数化处理后,中点误差项的初始值为

$$
e_0 = \Delta x - 2\Delta y \tag{2-16}
$$

当 $e_i < 0$ 时,中点误差项的递推公式为

$$
e_{i+1} = e_i + 2\Delta x - 2\Delta y \tag{2-17}
$$

中点误差项的增量为 $2\Delta x - 2\Delta y$。

当 $e_i \geqslant 0$ 时,中点误差项的递推公式为

$$
e_{i+1} = e_i - 2\Delta y \tag{2-18}
$$

中点误差项的增量为 $-2\Delta y$。

算法 5:第一个八分象限直线的中点算法

2.2 圆的光栅化

圆的光栅化是在屏幕像素点阵中确定最佳逼近于理想圆的像素点集的过程。虽然在绘制圆时可以使用简单方程画圆算法或极坐标画圆算法,但是这些算法均涉及开方运算或三角运算,效率很低。这里介绍另一种运用中点准则推导的中点画圆算法,它也能产生一组优化的像素。本节主要讲解仅包含加减运算的顺时针绘制圆弧的中点算法,根据对称性可以绘制整圆。

2.2.1 八分圆弧

圆心在原点、半径为 R 的圆的隐函数方程为

$$
F(x, y) = x^2 + y^2 - R^2 = 0 \tag{2-19}
$$

圆将平面划分成 3 个区域。对于圆上的点,$F(x, y) = 0$;对于圆外的点,$F(x, y) > 0$;对于圆内的点,$F(x, y) < 0$,如图 2-13 所示。

根据圆的对称性,可以用 4 条对称轴 $x = 0$,$y = 0$,$y = x$,$y = -x$ 将圆划分 8 等份,如图 2-14 所示。只要绘制出第一象限内编号为②的 1 个八分圆弧(以下简称为圆弧),根据对

称性就可以生成其他 7 个八分圆弧,这称为八分法画圆算法。假定圆弧②上的任意点为 (x,y),可以顺时针方向确定另外 7 个点:(y,x)、$(y,-x)$、$(x,-y)$、$(-x,-y)$、$(-y,-x)$、$(-y,x)$、$(-x,y)$。

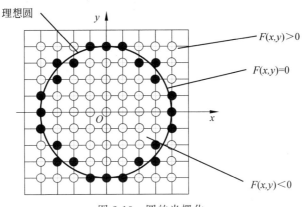

图 2-13 圆的光栅化

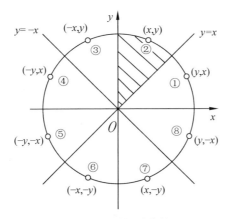

图 2-14 圆的对称性

2.2.2 算法原理

从图 2-14 中所示的圆弧②可以看出,y 是 x 的单调递减函数。假设圆弧起点 $x=0$,$y=R$ 精确地落在像素点上,中点算法要从 $x=0$ 绘制到 $y=x$,顺时针方向确定最佳逼近于圆弧的像素点集。此段圆弧上各个点的切线斜率 k 处处满足 $|k|<1$,即 $|\Delta x|>|\Delta y|$,所以 x 方向为主位移方向。中点算法原理表述为,x 方向上每次加 1,y 方向上减不减 1 取决于中点误差项的值。

假定圆弧上当前像素是 $P_i(x_i,y_i)$,Q 点是圆弧与网格线的交点。下一像素将从 $P_u(x_i+1,y_i)$ 和 $P_d(x_i+1,y_i-1)$ 两个候选像素中选取,如图 2-15 所示。连接像素 P_u 和像素 P_d 的网格中点为 $M(x_i+1,y_i-0.5)$。显然,若 M 点位于理想圆弧的下方,则像素 P_u 离圆弧近;若 M 点位于理想圆弧的上方,则像素 P_d 离圆弧近。

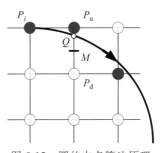

图 2-15 圆的中点算法原理

2.2.3 构造中点误差项

从 $P_i(x_i,y_i)$ 像素出发选取下一像素时,需将 P_u 和 P_d 两个候选像素连线的网格中点 $M(x_i+1,y_i-0.5)$ 代入隐函数方程,构造中点误差项 d

$$d_i=F(x_i+1,y_i-0.5)$$
$$=(x_i+1)^2+(y_i-0.5)^2-R^2 \qquad (2\text{-}20)$$

当 $d_i<0$ 时,中点 M 位于圆弧内,下一像素应选取 P_u,即 y 方向上不减 1;当 $d_i>0$ 时,中点 M 位于圆弧外,下一像素应选取 P_d,即 y 方向上减 1;当 $d_i=0$ 时,中点 M 位于圆弧上,像素 P_u、P_d 与圆弧的距离相等,选取任意一个像素均可,约定选取 P_d,如图 2-16 所示。

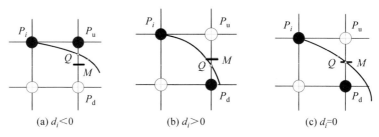

图 2-16 中点算法分析

因此

$$y_{i+1}=\begin{cases} y_i, & d_i<0 \\ y_i-1, & d_i\geqslant 0 \end{cases} \qquad (2\text{-}21)$$

2.2.4 递推公式

图 2-16 中,根据当前点 P_i 确定下一像素是选取 P_u 还是 P_d 时,使用了中点误差项 d_i。为了能够继续判断圆弧上的后续像素点,需要给出中点误差项的递推公式和初始值。

1. 中点误差项的递推公式

在主位移 x 方向上已递增一个单位的情况下,考虑沿主位移方向上再递增一个单位,应该选择哪个中点来计算误差项,以判断下一步要选取的像素,分两种情况讨论。

当 $d_i<0$ 时,下一步的中点坐标为 $M_u(x_i+2,y_i-0.5)$,如图 2-17(a)所示。中点误差

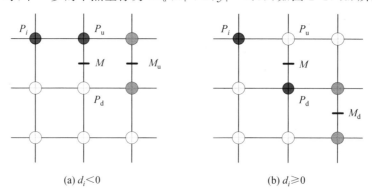

图 2-17 中点的递推

项的递推公式为

$$d_{i+1} = F(x_i + 2, y_i - 0.5)$$
$$= (x_i + 2)^2 + (y_i - 0.5)^2 - R^2$$
$$= (x_i + 1)^2 + (y_i - 0.5)^2 - R^2 + 2x_i + 3$$
$$= d_i + 2x_i + 3 \tag{2-22}$$

当 $d_i \geqslant 0$ 时，下一步的中点坐标为 $M_d(x_i + 2, y_i - 1.5)$，如图 2-17(b)所示。中点误差项的递推公式为

$$d_{i+1} = F(x_i + 2, y_i - 1.5)$$
$$= (x_i + 2)^2 + (y_i - 1.5)^2 - R^2$$
$$= (x_i + 1)^2 + (y_i - 0.5)^2 - R^2 + 2x_i + 3 + (-2y_i + 2)$$
$$= d_i + 2(x_i - y_i) + 5 \tag{2-23}$$

2. 中点误差项的初始值

圆弧的起点光栅化后的像素为 $P_0(0, R)$。若沿主位移 x 方向递增一个单位，第一个参与判断的中点为 $M(1, R - 0.5)$，相应的中点误差项 d 的初始值为

$$d_0 = F(1, R - 0.5)$$
$$= 1 + (R - 0.5)^2 - R^2$$
$$= 1.25 - R \tag{2-24}$$

2.2.5 整数中点画圆算法

由于使用的只是 d 的符号，可以通过一些简单的变换来摆脱小数。定义 $e_i = d_i - 0.25$，初始值 $d_0 = 1.25 - R$ 对应于 $e_0 = 1 - R$。误差项 $d_i < 0$ 对应于 $e_i < -0.25$。由于 e_i 始终是整数，可以将 $e_i < -0.25$ 等价为 $e_i < 0$。基于整数中点画圆算法光栅化 $R = 20$ 的圆，放大效果如图 2-18 所示。

算法 6：圆的中点算法

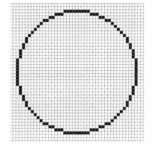

图 2-18　中点画圆算法
光栅化效果图

2.3　椭圆的光栅化

椭圆的光栅化是在屏幕像素点阵中选取最佳逼近于理想椭圆的像素点集的过程。椭圆是长半轴与短半轴不相等的圆。椭圆的光栅化与圆的光栅化有相似之处，但也有不同，主要区别是椭圆弧上存在改变主位移方向的临界点。本节主要讲解顺时针绘制四分椭圆弧的中点算法，根据对称性可以绘制完整椭圆。

2.3.1 四分椭圆弧

中心在原点、长半轴为 a、短半轴为 b 的轴对称椭圆方程为

$$\frac{x^2}{a^2} + \frac{y^2}{b^2} = 1 \tag{2-25}$$

椭圆的隐函数表示为

$$F(x, y) = b^2 x^2 + a^2 y^2 - a^2 b^2 = 0 \tag{2-26}$$

椭圆将平面划分成 3 个区域：对于椭圆上的点，$F(x,y)=0$；对于椭圆外的点，$F(x,y)>0$；对于椭圆内的点，$F(x,y)<0$，如图 2-19 所示。

考虑到椭圆的对称性，可以用对称轴 $x=0$ 和 $y=0$ 将椭圆四等分。只要绘制出第一象限内的四分椭圆弧（以下简称为椭圆弧），如图 2-20 阴影区域所示，根据对称性就可以生成其他 3 个椭圆弧，这称为四分法画椭圆算法。已知第一象限内的一点 (x,y)，可以顺时针确定另外 3 个对称点：$(x,-y)$，$(-x,-y)$ 和 $(-x,y)$。

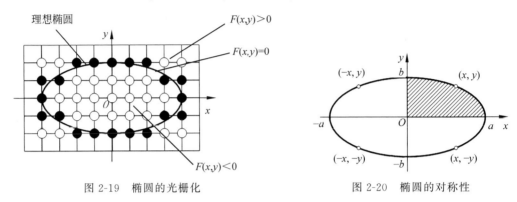

图 2-19　椭圆的光栅化　　　　　　　图 2-20　椭圆的对称性

2.3.2　临界点分析

在处理第一象限的四分椭圆弧时，进一步以法向量的两个分量相等的点把其划分为两个区域：区域Ⅰ和区域Ⅱ，该点称为临界点，如图 2-21 所示。特别地，在临界点处，曲线的斜率为 -1。椭圆上任意一点 (x,y) 处的法向量 $\mathbf{N}(x,y)$ 为

$$
\begin{aligned}
\mathbf{N}(x,y) &= \frac{\partial F}{\partial x}\mathbf{i} + \frac{\partial F}{\partial y}\mathbf{j} \\
&= 2b^2 x\mathbf{i} + 2a^2 y\mathbf{j}
\end{aligned}
\tag{2-27}
$$

式中，法向量的 x 方向的分量为 $|N_x|=2b^2 x$，法向量的 y 方向的分量为 $|N_y|=2a^2 y$，$\mathbf{i}$ 和 $\mathbf{j}$ 是沿 x 轴向和沿 y 轴向的标准单位向量。

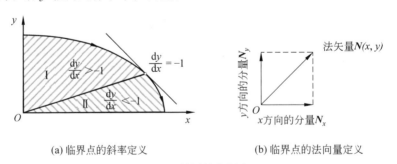

(a) 临界点的斜率定义　　　　　　(b) 临界点的法向量定义

图 2-21　椭圆的临界点 C

从曲线上一点的法向量角度看，在区域Ⅰ内，$|\mathbf{N}_x|<|\mathbf{N}_y|$；在临界点处，$|\mathbf{N}_x|=|\mathbf{N}_y|$；在区域Ⅱ内，$|\mathbf{N}_x|>|\mathbf{N}_y|$。显然，在临界点处，法向量分量的大小发生了变化。

从曲线上的斜率角度看，在临界点处，斜率为 -1。区域Ⅰ内，有 $\dfrac{\mathrm{d}y}{\mathrm{d}x}>-1$，即 $\mathrm{d}x>\mathrm{d}y$，

所以 x 方向为主位移方向；在临界点处，有 $dx = dy$；在区域 II 内，有 $\dfrac{dy}{dx} < -1$，即 $dy > dx$，所以 y 方向为主位移方向。显然，在临界点处，主位移方向发生了改变。

2.3.3 算法原理

在区域 I，x 方向上每次递增一个单位，y 方向上减 1 或减 0 取决于中点误差项的值；在区域 II，y 方向上每次递减一个单位，x 方向上加 1 或加 0 取决于中点误差项的值。

先考虑图 2-22 所示区域 I 的 AC 段椭圆弧。此时中点算法要从起点 $A(0, b)$ 到临界点 $C(a^2/\sqrt{a^2+b^2}, b^2/\sqrt{a^2+b^2})$ 顺时针方向确定最佳逼近于该段椭圆弧的像素点集。由于 x 方向为主位移方向，假定当前点是 $P_i(x_i, y_i)$，下一步将从正右方的像素 $P_u(x_i+1, y_i)$ 和右下方的像素 $P_d(x_i+1, y_i-1)$ 两个候选像素中选取。

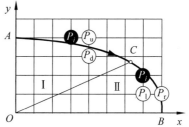

图 2-22 椭圆弧的中点算法原理

再考虑图 2-22 所示区域 II 的 CB 段椭圆弧。此时中点画椭圆算法要从临界点 $C(a^2/\sqrt{a^2+b^2}, b^2/\sqrt{a^2+b^2})$ 到终点 $B(a, 0)$ 顺时针方向确定最佳逼近于该段椭圆弧的像素点集。由于 y 方向为主位移方向，假定当前点是 $P_i(x_i, y_i)$，下一步将从正下方的像素 $P_l(x_i, y_i-1)$ 和右下方的像素 $P_r(x_i+1, y_i-1)$ 两个候选像素中选取。这里，下标"l"代表 left，下标"r"代表 right。

1. 构造区域 I 的中点误差项

从当前点 P_i 出发选取下一像素时，需将 P_u 和 P_d 两个候选像素连线的网格中点 $M(x_i+1, y_i-0.5)$ 代入隐函数方程，构造中点误差项 d_{1i}

$$
\begin{aligned}
d_{1i} &= F(x_i+1, y_i-0.5) \\
&= b^2(x_i+1)^2 + a^2(y_i-0.5)^2 - a^2 b^2
\end{aligned}
\tag{2-28}
$$

当 $d_{1i} < 0$ 时，中点 M 位于椭圆弧内，下一像素应选取 P_u，即 y 方向上不减 1；当 $d_{1i} > 0$ 时，中点 M 位于椭圆弧外，下一像素应选取 P_d，即 y 方向上减 1；当 $d_{1i} = 0$ 时，中点 M 位于椭圆上，像素 P_u 和 P_d 与椭圆弧的距离相等，选取任意一个像素均可，约定选取 P_d，如图 2-23 所示。

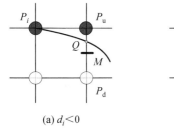
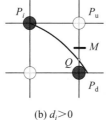
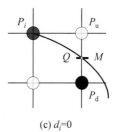

(a) $d_i < 0$ (b) $d_i > 0$ (c) $d_i = 0$

图 2-23 区域 I 内像素点的选取

因此

$$y_{i+1} = \begin{cases} y_i, & d_{1i} < 0 \\ y_i - 1, & d_{1i} \geqslant 0 \end{cases} \qquad (2\text{-}29)$$

2. 区域 I 内中点误差项的递推

图 2-23 中,根据当前点 P_i 选取 P_u 还是 P_d,使用了中点误差项 d_{1i}。为了能够继续选取椭圆弧上的后续像素,需要给出中点误差项 d_{1i} 的递推公式和初始值。

1) 中点误差项 d_{1i} 的递推公式

在主位移 x 方向上已递增一个单位的情况下,考虑沿主位移方向再递增一个单位,应该选取哪个中点来计算误差项,以判断下一步要选取的像素,分两种情况讨论。

当 $d_{1i} < 0$ 时,下一步的中点坐标为 $M_u(x_i+2, y_i-0.5)$,如图 2-24(a)所示。中点误差项的递推公式为

$$\begin{aligned}
d_{1(i+1)} &= F(x_i+2, y_i-0.5) \\
&= b^2(x_i+2)^2 + a^2(y_i-0.5)^2 - a^2b^2 \\
&= b^2(x_i+1)^2 + a^2(y_i-0.5)^2 - a^2b^2 + b^2(2x_i+3) \\
&= d_{1i} + b^2(2x_i+3)
\end{aligned} \qquad (2\text{-}30)$$

当 $d_{1i} \geqslant 0$ 时,下一步的中点坐标为 $M_d(x_i+2, y_i-1.5)$,如图 2-24(b)所示。中点误差项的递推公式为

$$\begin{aligned}
d_{1(i+1)} &= F(x_i+2, y_i-1.5) \\
&= b^2(x_i+2)^2 + a^2(y_i-1.5)^2 - a^2b^2 \\
&= b^2(x_i+1)^2 + a^2(y_i-0.5)^2 - a^2b^2 + b^2(2x_i+3) + a^2(-2y_i+2) \\
&= d_{1i} + b^2(2x_i+3) + a^2(-2y_i+2)
\end{aligned} \qquad (2\text{-}31)$$

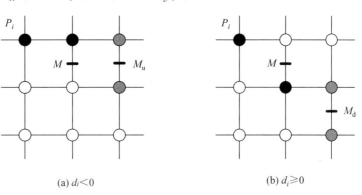

(a) $d_i < 0$　　　　　　　　　(b) $d_i \geqslant 0$

图 2-24　区域 I 内中点的递推

2) 中点误差项 d_{1i} 的初始值

在区域 I 内,椭圆弧的起点光栅化后的像素为 $P_0(0, b)$。沿主位移 x 方向递增一个单位,第一个参与判断的中点是 $M(1, b-0.5)$,相应的中点误差项 d_{1i} 的初始值为

$$\begin{aligned}
d_{10} &= F(1, b-0.5) \\
&= b^2 + a^2(b-0.5)^2 - a^2b^2 \\
&= b^2 + a^2(-b+0.25)
\end{aligned} \qquad (2\text{-}32)$$

3. 构造区域Ⅱ的中点误差项

在区域Ⅱ内,主位移方向发生变化,由 x 方向转变为 y 方向。从区域Ⅰ椭圆弧的终止点 $P_i(x_i, y_i)$ 出发选取下一像素时,需将 $P_1(x_i, y_i-1)$ 和 $P_r(x_i+1, y_i-1)$ 的中点 $M(x_i+0.5, y_i-1)$ 代入隐函数方程,构造中点误差项 d_{2i}

$$\begin{aligned} d_{2i} &= F(x_i+0.5, y_i-1) \\ &= b^2(x_i+0.5)^2 + a^2(y_i-1)^2 - a^2b^2 \end{aligned} \tag{2-33}$$

当 $d_{2i}<0$ 时,中点 M 位于椭圆弧内,下一像素点应选取 P_r,即 x 方向上加1;当 $d_{2i}>0$ 时,中点 M 位于椭圆弧外,下一像素点应选取 P_1,即 x 方向上不加1;当 $d_{2i}=0$ 时,中点 M 位于椭圆弧上,P_1、P_r 与椭圆弧的距离相等,选取任意一个像素均可,约定选取 P_1,如图 2-25 所示。

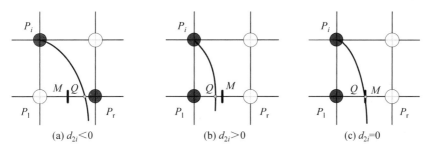

图 2-25　下半部分像素点的选取

因此

$$x_{i+1} = \begin{cases} x_i+1, & d_{2i}<0 \\ x_i, & d_{2i}\geqslant 0 \end{cases} \tag{2-34}$$

4. 区域Ⅱ内中点误差项的递推

图 2-25 中,根据 P_i 确定下一像素是选取 P_1 还是 P_r 时,使用了中点误差项 d_{2i}。为了能够继续选取椭圆弧上的后续像素,需要给出中点误差项 d_{2i} 的递推公式和初始值。

1) 中点误差项 d_{2i} 的递推公式

在主位移 y 方向上已递增一个单位的情况下,考虑沿主位移方向上再递增一个单位,应该选择哪个中点来计算误差项,以判断下一步要选取的像素,分两种情况讨论。

当 $d_{2i}<0$ 时,下一步的中点坐标为 $M_r(x_i+1.5, y_i-2)$,如图 2-26(a)所示。中点误差项的递推公式为

$$\begin{aligned} d_{2(i+1)} &= F(x_i+1.5, y_i-2) \\ &= b^2(x_i+1.5)^2 + a^2(y_i-2)^2 - a^2b^2 \\ &= b^2(x_i+0.5)^2 + a^2(y_i-1)^2 - a^2b^2 + b^2(2x_i+2) + a^2(-2y_i+3) \\ &= d_{2i} + b^2(2x_i+2) + a^2(-2y_i+3) \end{aligned} \tag{2-35}$$

当 $d_{2i}\geqslant 0$ 时,下一步的中点坐标为 $M_1(x_i+0.5, y_i-2)$,如图 2-26(b)所示。中点误差项的递推公式为

$$\begin{aligned} d_{2(i+1)} &= F(x_i+0.5, y_i-2) \\ &= b^2(x_i+0.5)^2 + a^2(y_i-2)^2 - a^2b^2 \\ &= b^2(x_i+0.5)^2 + a^2(y_i-1)^2 - a^2b^2 + a^2(-2y_i+3) \\ &= d_{2i} + a^2(-2y_i+3) \end{aligned} \tag{2-36}$$

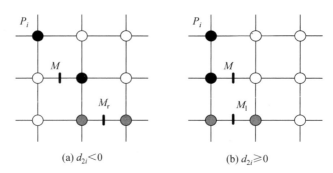

(a) $d_{2i} < 0$ (b) $d_{2i} \geqslant 0$

图 2-26 区域 Ⅱ 内中点的递推

2) 中点误差项 d_{2i} 的初始值

假定图 2-27 中 $P_i(x_i, y_i)$ 点为区域 Ⅰ 内椭圆弧上的最后一个像素，$M_{\mathrm{I}}(x_i+1, y_i-0.5)$ 是 P_u 和 P_d 像素的中点。满足法向量的 x 方向分量小于法向量的 y 方向分量

$$b^2(x_i+1) < a^2(y_i-0.5) \qquad (2\text{-}37)$$

而在下一个中点处，不等号改变方向，则说明椭圆弧从区域 Ⅰ 转入了区域 Ⅱ。在区域 Ⅱ 内，中点转换为 $M_{\mathrm{II}}(x_i+0.5, y_i-1)$，用于判断选取 P_l 和 P_r 像素，所以区域 Ⅱ 内椭圆弧中点误差项 d_{2i} 的初始值为

$$d_{20} = b^2(x+0.5)^2 + a^2(y-1)^2 - a^2b^2 \qquad (2\text{-}38)$$

基于中点画椭圆算法对 $a=30$ 和 $b=20$ 的椭圆光栅化，放大效果如图 2-28 所示。

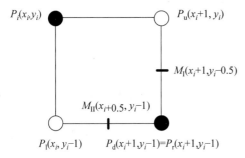

图 2-27 区域 Ⅰ 与区域 Ⅱ 的切换

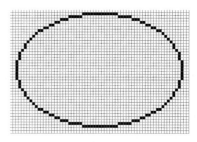

图 2-28 中点画椭圆算法光栅化效果图

算法 7：椭圆的中点算法

2.4 反走样技术

1. 走样现象

光栅化算法在处理非水平、非垂直且非 45°的直线时会出现锯齿或台阶边界。这是由于光栅扫描显示器上显示的图像是由一系列亮度相同而面积不为 0 的离散像素构成的。这种由离散量表示连续量而引起的失真称为走样(aliasing)。

2. 反走样

用于减轻走样现象的技术称为反走样(anti-aliasing，AA)，游戏中也称为抗锯齿。真实像素面积不为 0,走样是连续图形离散为图像后引起的失真,是数字化的必然产物。走样是光栅扫描显示器的一种固有现象,只能减轻,不可避免。

图 2-29 中,理想直线光栅化后得到一组距离直线最近的黑色像素点集。每当前一列选取的像素和后一列所选的像素位于不同行时,在显示器上就会出现一个锯齿,发生走样。显然,只有绘制水平线、垂直线和 45°斜线时,才不会发生走样。

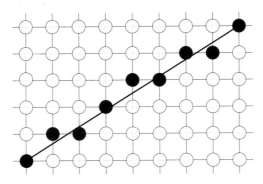

图 2-29　直线的走样现象

Windows 的附件“画图”软件绘制直线时没有进行反走样处理,如图 2-30 所示。Microsoft Office 的 Word 软件绘制直线时使用了反走样技术,如图 2-31 所示。从图 2-31(b)中可以看出,Word 软件使用了两行像素来绘制斜线,并且相邻像素的亮度等级发生了变化,而“画图”软件只使用一行像素来绘制斜线,并且像素的亮度等级保持不变。

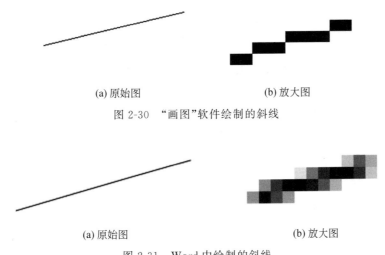

(a) 原始图　　　　　　　　　　(b) 放大图

图 2-30　“画图”软件绘制的斜线

(a) 原始图　　　　　　　　　　(b) 放大图

图 2-31　Word 中绘制的斜线

反走样可以从硬件方面考虑,也可以从软件方面考虑。从硬件角度把显示器的分辨率提高了一倍。由于每个锯齿在 x 方向和 y 方向只有原分辨率的一半,所以走样现象有所减弱。虽然如此,硬件反走样技术由于受制造工艺与生产成本的限制,不可能将分辨率做得很高,很难达到理想的反走样效果。通常讲的反走样技术主要指软件反走样算法,Wu 算法就是其中一种。

2.5　Wu 反走样算法

自从 1977 年 Crow 在计算机图形学领域中提出走样问题并给出一种解决方法以来,已经有很多反走样算法相继问世。1991 年,Wu Xiaolin 提出一种对距离进行加权的算法,称为 Wu 算法。

2.5.1　算法原理

空间混色原理指出,人眼对某一区域颜色的识别是取这个区域颜色的平均值。Wu 反走样算法原理是对于理想直线上的任意一点,同时用两个不同亮度等级的相邻像素来表示。

图 2-32 所示的理想直线与每一列的交点,光栅化后可用与交点距离最近的上下两个像素共同显示,但分别设置为不同的亮度。假定背景色为白色,直线的颜色为黑色。若像素距离交点越近,该像素的颜色就越接近直线的颜色,其亮度就越小;若像素距离交点越远,该像素的颜色就越接近背景色,其亮度就越大,但上下像素的亮度之和应等于 1。

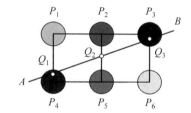

图 2-32　两个像素点共同表示一个点

对于每一列而言,可以将下方像素 P_d 与交点 Q 之间的距离 e 作为加权参数,对上下像素的亮度等级进行调节。由于上下像素的间距为 1 个单位,容易知道,上方的像素 P_u 与交点的距离为 $1-e$。例如,像素 P_1 距离 Q_1 点 0.8 像素远,该像素的亮度等级为 80%;像素 P_4 距离 Q_1 点 0.2 像素远,该像素的亮度等级为 20%。同理,像素 P_2 距离 Q_2 点 0.45 像素远,该像素的亮度等级为 45%;像素 P_5 距离 Q_2 点 0.55 像素远,该像素的亮度等级为 55%;像素 P_3 距离 Q_3 点 0.1 像素远,该像素的亮度等级为 10%;像素 P_6 距离 Q_3 点 0.9 像素远,该像素的亮度等级为 90%。

Wu 算法是用两个相邻像素来共同表示理想直线上的一个点,依据每个像素到理想直线的距离调节其亮度,使所绘制的直线达到视觉上消除锯齿的效果。实际使用中,2 像素宽度的直线反走样的效果较好,视觉效果上直线的宽度会有所减小,看起来好像是一像素宽度的直线。

2.5.2　构造距离误差项

设理想直线上的当前像素为 $P_i(x_i,y_i)$,沿主位移 x 方向上递增一个单位,下一像素只能从 $P_u(x_i+1,y_i+1)$ 和 $P_d(x_i+1,y_i)$ 两个候选像素中选取。理想直线与 P_u 和 P_d 像素中心连线的网格交点为 $Q(x_i+1,e)$,e 为 Q 点到像素 P_d 的距离,如图 2-33 所示。设像素 $P_d(x_i+1,y_i)$ 的亮度为 e。由于像素 $P_u(x_i+1,y_i+1)$ 到 Q 点的距离为 $1-e$,则像素 P_u 的亮度为 $1-e$。

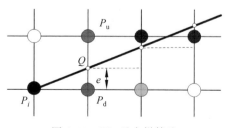

图 2-33　Wu 反走样算法

2.5.3　第一个八分象限 Wu 反走样算法

沿着主位移方向递增一个像素单位时,在直线与垂直网格线交点的上下方,同时绘制两个像素来表示交点处理想直线的颜色,但两个像素的亮度等级不同。距离交点远的像素亮度值大,接近背景色(白色);距离交点近的像素亮度值小,接近直线的颜色(黑色)。编程的关键在于递推计算误差项。e_i 的初值为 0,主位移方向上每递增一个单位,即 $x_{i+1} = x_i + 1$ 时,有 $e_{i+1} = e_i + k$。当 $e_i \geqslant 1$ 时,相当于 y 方向上走了一步,即 $y_{i+1} = y_i + 1$,此时需将 e_i 减 1,即 $e_{i+1} = e_i - 1$。

算法 8:第一个八分象限直线的 Wu 反走样算法

2.6　本章小结

本章从像素级角度讲解了基本图元的光栅化算法。物体的线框模型是由直线连接而成的,由于直线数量众多,直线生成算法的优劣对图形的生成效率至关重要。直线的光栅化算法主要包括 DDA 算法、Bresenham 算法、中点算法和 Wu 反走样算法。Bresenham 算法避免了浮点数复杂运算,使用了完全的整数算法,使单点基本图形生成算法已无优化的余地,获得了广泛的应用。直线的走样算法主要介绍了距离加权算法,使用浮点数运算解决了加权精度的问题。

习　题　2

1. 使用第一八分象限的 DDA 算法光栅化直线 $P_0(0,0)$ 到 $P_1(12,9)$,将每一步的浮点坐标与整数点坐标填入表 2-1 中,并用黑色绘制图 2-34 中的相应像素点。

表 2-1　x, y 和整数坐标

x	y	整数点	x	y	整数点
0	0	(0,0)	6		
1			7		
2			8		
3			9		
4			10		
5			11		

2. 分别使用整数 Bresenham 算法和整数中点算法光栅化直线段 P_0P_1。起点 P_0 的坐标为(0,0),终点 P_1 的坐标(12,9)。将 Bresenham 整数算法每一步的整数坐标值以及误差项 e 的值,填入表 2-2 中。将中点整数算法每一步的整数坐标值以及中点误差项 e 的值,填入表 2-2 中。对照两表,用黑色绘制图 2-1 中的相应像素点。

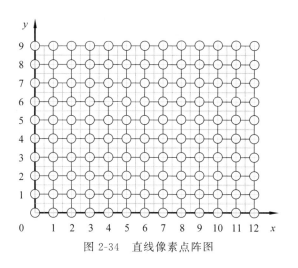

图 2-34 直线像素点阵图

表 2-2 x,y 和 e 的值

x	y	e	x	y	e
0			6		
1			7		
2			8		
3			9		
4			10		
5			11		

3. 以自定义二维坐标系原点为圆心,基于整数中点画圆算法,计算半径为 8 的圆在第二个八分象限内的像素点坐标,并填入表 2-3 中,用黑色绘制图 2-34 中的相应像素点。

表 2-3 整数中点画圆算法绘制 $R=8$ 的第二个八分象限的误差项及坐标值

x	y	e	$2x+3$	$2(x-y)+5$
0				
1				
2				
3				
4				
5				

4. 以自定义二维坐标系原点为中心,将长半轴 $a=12$,短半轴 $b=8$ 的椭圆在第一象限内光栅化后的像素点坐标填入表 2-4 中,并用黑色绘制图 2-34 中的椭圆弧像素点,用黑色粗线圆标记区域 1 的最后一个像素点。填表时,对于无意义的值,用横线代替。

表 2-4　中点算法绘制 $a=12$、$b=8$ 椭圆弧的误差项及坐标值

x	y	d_1	d_2	$b^2(2x+3)$	$b^2(2x+3)+a^2(-2y+2)$	$b^2(2x+2)+a^2(-2y+3)$	$a^2(-2y+3)$
0							
1							
2							
3							
4							
5							
6							
7							
8							
9							
10							
11							
12							
12							
12							

5. * 将客户区圆周六十等分,用直线依次连接客户区中心与各等分点制作秒表,试结合通用整数 Bresenham 算法与 Wu 反走样算法设计 CLine 类来制作反走样秒针,效果如图 2-35 所示。

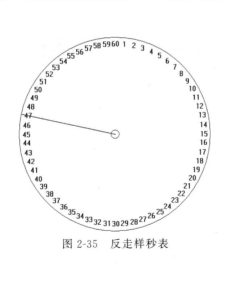

图 2-35　反走样秒表

第3章 填充多边形

光栅扫描显示器的特点是它具有表示实区域(solid area)的能力。根据顶点的描述生成实区域的过程称为实区域光栅化,相应的算法称为区域填充算法。常用的区域填充算法分为两大类:光栅化算法与种子填充算法。

3.1 多边形的光栅化

计算机中早期表示物体的方法是线框模型。线框模型用定义物体轮廓线的直线或曲线绘制。线框模型并不存在面的信息,每一段轮廓线都是单独构造出来的。图 3-1(a)所示为球体线框模型。为了提升真实感效果,从 20 世纪 70 年代开始,计算机中物体的表示方法开始向表面模型转换。与线框模型相比,表面模型显得更加生动、直观,真实感更强。对线框模型添加材质属性后,根据场景中视点、光源的位置及朝向,先计算出多边形网格顶点的颜色,然后使用光滑着色模式填充每个多边形内部,便得到表面模型。球体表面模型如图 3-1(b)所示。

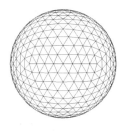 

(a)线框模型   (b) 表面模型

图 3-1 球体的计算机表示法

3.1.1 多边形的定义

多边形是由折线段组成的平面封闭图形。它由有序顶点的点集 $P_i(i=0,\cdots,n-1)$ 及有向边的线集 $E_i(i=0,\cdots,n-1)$ 定义,n 为多边形的顶点数或边数,且 $E_i=P_iP_{i+1}(i=0,\cdots,n-1)$。这里 $P_n=P_0$,保证了多边形的闭合。多边形可以分为凸、凹多边形以及环,如图 3-2 所示。多边形具有顶点、边、面和法线等基本几何属性。

1. 凸多边形

含有凸点的多边形称为凸多边形。凸点对应的内角小于 $180°$。多边形上任意两顶点间的连线都在多边形之内。

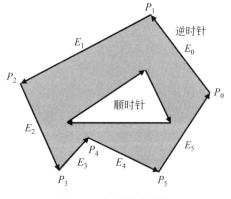

图 3-2 多边形的定义

2. 凹多边形

至少有一个凹点的多边形称为凹多边形。凹点对应的内角大于 $180°$。多边形上任意两顶点间的连线有不在多边形内部的部分。

3. 环

多边形内部含有另外的多边形称为环。如果规定每条有向边的左侧为其内部区域,则当观察者沿着边界行走时,内部区域总在其左侧。这就是说,多边形外轮廓线的环形方向为逆时针,内轮廓线的环形方向为顺时针。

3.1.2 多边形的表示

在计算机图形学中,多边形有两种表示方法:点元表示法与面元表示法。

1. 点元表示法

点元表示法是一种用多边形的顶点序列来描述多边形的方法,其特点是直观、占内存少、易于进行几何变换,但由于没有明确指出哪些像素位于多边形之内,所以不能直接进行填充。点元表示法是多边形线框模型描述的形式,如图 3-3(a)所示。

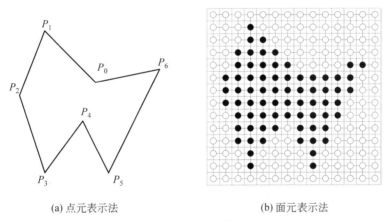

(a) 点元表示法　　　　　　　　(b) 面元表示法

图 3-3　多边形的表示法

2. 面元表示法

面元表示法是一种用位于多边形内部的像素点集来描述多边形的方法。这种表示方法虽然失去了顶点、边界等许多重要的几何信息,但便于直接读取像素来填充多边形。面元表示法是多边形表面模型描述的形式,如图 3-3(b)所示。

3. 多边形的光栅化

将多边形的描述从点元表示法变换到面元表示法的过程,称为多边形的光栅化。即从多边形的顶点信息出发,计算位于多边形轮廓线内部的各个像素点的信息,并按照扫描线顺序,将像素点颜色写入多边形中。

3.1.3 多边形着色模式

多边形可以使用平面着色模式(flat shading mode)或光滑着色模式(smooth shading mode)进行填充。无论采用哪种着色模式,都意味着要根据多边形的顶点颜色计算多边形内部各个像素点的颜色。回顾一下,直线的平面着色模式是使用一个顶点的颜色绘制直线,例如使用起点颜色作为直线的颜色,可以绘制出单一颜色的直线。直线的光滑着色模式是使用两个顶点颜色来绘制直线,例如使用起点颜色和终点颜色的线性插值作为直线的颜色,可以绘制出颜色渐变的直线。

1. 平面着色模式

多边形的平面着色模式是指使用多边形任意一个顶点的颜色填充多边形,多边形具有单一颜色。图 3-4(a)为三角形的平面着色。三角形 3 个顶点的颜色分别为红色、绿色、蓝色。三角形的填充色取自第 1 个顶点颜色。

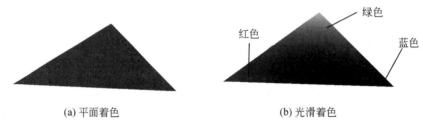

(a) 平面着色　　　　　　　　　　(b) 光滑着色

图 3-4　三角形着色模式

2. 光滑着色模式

多边形的光滑着色模式假定多边形顶点的颜色不同,多边形任意一点的颜色由各顶点的颜色进行双线性插值(bilinear interpolation)得到。基于顶点颜色的光滑着色模式也称为 Gouraud 光滑着色模式。Gouraud 是一名法国计算机科学家,以提出 Gouraud 着色模式而闻名。图 3-4(b)为三角形的 Gouraud 着色。三角形填充色为 3 个顶点颜色的双线性插值结果。

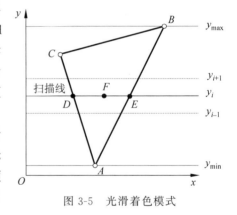

图 3-5　光滑着色模式

以图 3-5 所示三角形为例,说明 Gouraud 光滑着色算法原理。假定三角形 ABC 的 3 个顶点坐标为 $A(x_A, y_A)$, $B(x_B, y_B)$, $C(x_C, y_C)$。A 点的颜色为 c_A,B 点的颜色为 c_B,C 点的颜色为 c_C。在自定义坐标系中,y 轴向上为正。当前扫描线为 y_i,扫描线最小值为 y_{min},最大值为 y_{max},扫描从 y_{min} 向 y_{max} 移动,执行 $y_{i+1} = y_i + 1$ 操作。

当前扫描线上,D 点的颜色可以通过 A 点颜色与 C 点颜色的线性插值得到

$$c_D = (1-t)c_A + tc_C, \quad t \in [0,1] \tag{3-1}$$

当前扫描线上,E 点的颜色可以通过 A 点颜色与 B 点颜色的线性插值得到

$$c_E = (1-t)c_A + tc_B, \quad t \in [0,1] \tag{3-2}$$

当前扫描线上,DE 跨度内任意一点 F 的颜色通过 D 点颜色与 E 点颜色插值得到

$$c_F = (1-t)c_D + tc_E, \quad t \in [0,1] \tag{3-3}$$

随着扫描线从 y_{min} 向 y_{max} 移动,F 点会遍历三角形内部,其颜色为三角形的 3 个顶点颜色的双线性插值。

3. 马赫带

图 3-6 所示图形是一组亮度递增变化的平面着色矩形块。由于矩形块的亮度发生轻微

的跳变,边界处的亮度对比度增强,使得矩形轮廓表现得非常明显。1868 年奥地利物理学家 Mach 发现了这种明暗对比的视觉效应,称为马赫带效应。在亮度变化的一侧感知到正向尖峰效果,看到一条更亮的线;在另一侧感知到负向尖峰效果,看到一条更暗的线。马赫带效应不是一种物理现象,而是一种心理现象,是由人类视觉系统造成的。马赫带效应夸大了平面着色的渲染效果,使得人眼感知到的亮度变化比实际的亮度变化要大,如图 3-7 所示。一个具有复杂光滑表面的物体是由一系列多边形(主要是三角形和四边形)网格表示的。如果采用平面着色模式填充多边形,就会出现马赫带效应,边界特别明显。物体看上去就像是一片一片拼接起来的,显得很不真实。改善的方法是用光滑着色模式代替平面着色模式来填充多边形。

图 3-6 马赫带

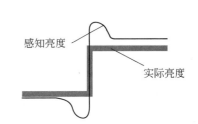

图 3-7 边界位置的实际亮度与感知亮度

3.2 边界像素处理规则

首先自定义二维坐标系,x 轴向右,y 轴向上,扫描线自下向上移动。由于 CDC 类的 Rectangle( )成员函数使用画笔绘制矩形的边界,使用画刷填充矩形内部。CDC 类的 FillSolidRect( )成员函数不使用画笔绘制边界,仅使用当前画刷填充整个矩形,包括左边界和下边界,但不包括右边界和上边界。本节以矩形的光栅化为例,说明多边形边界像素的处理规则。首先讨论以平面着色模式填充矩形,然后讨论以光滑着色模式填充矩形。

3.2.1 平面着色模式填充矩形

矩形由左下角点 $P_0(x_{min}, y_{min})$ 与右上角点 $P_1(x_{max}, y_{max})$ 唯一定义,如图 3-8 所示。在每条扫描线上,将矩形跨度内的所有像素都置成相同的颜色。填充单一的矩形时,从数学上讲可以填充矩形所覆盖的内部像素及全部边界像素。但当多个矩形连接存在共享边界

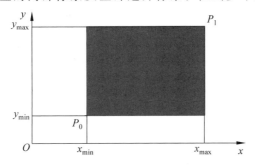

图 3-8 矩形填充效果图

时,就不能填充矩形的全部边界像素。所有的光栅化算法对运算符$<$、$>$和$=$的使用都十分敏感。

3.2.2 处理边界像素

图 3-9 所示矩形 $P_0P_1P_2P_3$ 被等分为 4 个小矩形。假定左下方的小矩形 $P_0P_5P_8P_4$ 填充为绿色,右下方的小矩形 $P_5P_1P_6P_8$ 填充为黄色,右上方的小矩形 $P_8P_6P_2P_7$ 填充为绿色,左上方的小矩形 $P_4P_8P_7P_3$ 填充为黄色。4 个小矩形的公共边为 P_5P_8、P_8P_7、P_4P_8 和 P_8P_6。考虑到公共边 P_5P_8 既是小矩形 $P_0P_5P_8P_4$ 的右边界,又是小矩形 $P_5P_1P_6P_8$ 的左边界;考虑到公共边 P_4P_8 既是小矩形 $P_0P_5P_8P_4$ 的上边界,又是小矩形 $P_4P_8P_7P_3$ 的下边界,那么 P_5P_8 和 P_4P_8 作为相邻小矩形的共享边界,应该着色为哪个小矩形的颜色? 同理,P_8P_7 和 P_8P_6 也作为相邻小矩形的共享边界,应该着色为哪个小矩形的颜色? 如果对公共边不做处理,则可能将公共边先设置为一种颜色,然后又设置为另一种颜色。一条边界两次不同的着色会导致混乱的视觉效果。图 3-9 的正确处理结果如图 3-10 所示,每个小矩形的右边界像素和上边界像素都不填充,等待与其相连接的后续小矩形进行填充。最终,边界 P_5P_8 和 P_4P_8 填充为黄色,P_8P_7 和 P_8P_6 填充为绿色,而边界 P_3P_7、P_7P_2、P_1P_6 和 P_6P_2 并未进行填充。

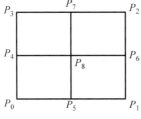

图 3-9　边界像素的问题

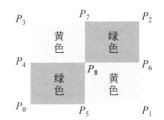

图 3-10　共享边界像素的处理

在实际填充过程中,也需要考虑到像素面积大小的影响:填充左下角为 $(1,1)$、右上角为 $(4,3)$ 的矩形时,若将边界上的所有像素全部着色,就得到图 3-11(a)所示的效果。矩形光栅化后的像素覆盖面积为 4×3 个单位,而实际矩形的面积只有 3×2 个单位,如图 3-11(b)所示。如果不填充矩形的上边界和右边界,则可以保证其面积为 3×2 个单位。

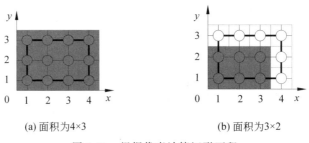

(a) 面积为4×3　　　　　　　　(b) 面积为3×2

图 3-11　根据像素计算矩形面积

边界像素处理规则为,由一条边界确定的包含图元的半平面,如果位于该边界的左方或下方,那么这条边界上的像素就不属于该图元。可以将其简单表述为"左闭右开,下闭上开",即绘制矩形左边界和下边界上的像素,不绘制矩形右边界和上边界上的像素。共享的水平边将"属于"有共享边的两个矩形中靠上的那个;共享的垂直边将"属于"有共享边的两个矩形中靠右的那个。本规则适用于任意形状的多边形,而不是只局限于矩形。本规则会导致多边形遗失最上一行像素和最右一列像素,图形出现瑕疵。为了避免共享边界上的像素发生两次重绘,没有比这更好的解决方法。

3.2.3　光滑着色模式填充矩形

光滑着色模式不再以单一颜色去填充矩形,矩形内部填充颜色是 4 个顶点的颜色的双线性插值。这样越靠近顶点,顶点颜色就越突出。Gouraud 着色模式为矩形填充了光滑的渐变颜色。

图 3-12(a)中,假定 P_0 点的颜色为红色、P_1 点的颜色为绿色、P_2 点的颜色为黄色、P_3 点的颜色为蓝色。沿着 x 方向和 y 方向对顶点颜色进行双线性插值得到内点颜色,就可以绘制出颜色渐变的图像。下面以一条扫描线为例进行讲解,首先由 P_0 点的颜色与 P_3 点的颜色进行线性插值计算出扫描线上 A 点的颜色。由 P_1 点的颜色和 P_2 点的颜色进行线性插值计算出在同一条水平扫描线上 B 点的颜色。在该扫描线上,由 A 点的颜色和 B 点的颜色可以进行线性插值计算出 C 点的颜色。当扫描线从 P_0P_1 边界向上移动到 P_3P_2 边界时,在每条扫描线上,C 点从 A 点移动到 B 点,那么 C 点将遍历矩形覆盖的所有像素。根据"左闭右开",矩形中每个跨度是在左边封闭而右边开放的区间内,不绘制每条扫描线的最右像素点。根据"下闭上开"规则,不绘制最上一条扫描线。矩形的光滑着色效果如图 3-12(b)所示。

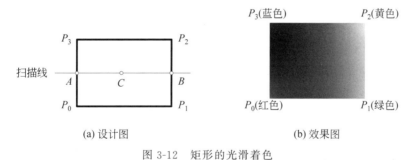

(a) 设计图　　　　　　　　　　(b) 效果图

图 3-12　矩形的光滑着色

3.3　边标志算法

3.3.1　基本思想

由 Agkland 和 Weste 于 1981 年提出的边标志算法,不仅可以处理凸多边形,而且可以处理凹多边形。边标志算法分两步实现:第 1 步勾勒轮廓线。对多边形的每条边进行光栅化,即对多边形边界所经过的像素打上标志,在每条扫描线上建立各跨度的标志点对。第 2 步填充多边形。沿着扫描线由小往大的顺序,按照从左到右的顺序,填充标志点对所构成的跨度之间的全部像素。

3.3.2 光栅化边

扫描线是 y 方向连续的,根据扫描线的连续性,所有边均可使用第 2 个八分象限的 DDA 算法进行光栅化。扫描线由边的低端($y = y_{\min}$)向高端($y = y_{\max}$)运动,交点的 y 坐标每次加 1,交点的 x 坐标加 $1/k$。k 是边的斜率。

边的低端坐标为(x_0, y_0),边与下一条扫描线的交点为(x_{i+1}, y_{i+1})。其中,$x_{i+1} = x_i + 1/k = x_i + \Delta x/\Delta y = x_i + m$,$y_{i+1} = y_i + 1$。交点相关性如图 3-13 所示。这说明,随着扫描线的移动,扫描线与有效边交点的 x 坐标,从起点开始可以按增量 $m = 1/k$ 计算出来。

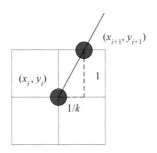

图 3-13　计算扫描线与边的交点

3.3.3 判断点与边的位置关系

使用向量叉积运算,可以判断点与边的位置关系。图 3-14(a)中,使用向量叉积,可以判断点 P_1 与边 $P_0 P_2$ 的位置关系。写为从 P_0 点发出的向量

$$\overrightarrow{P_0 P_2} = \{x_2 - x_0, y_2 - y_0, 0\}, \overrightarrow{P_0 P_1} = \{x_1 - x_0, y_1 - y_0, 0\}$$

计算两向量的叉积 $\boldsymbol{N} = \overrightarrow{P_0 P_2} \times \overrightarrow{P_0 P_1}$,有

$$\boldsymbol{N} = \{0, 0, (x_2 - x_0)(y_1 - y_0) - (y_2 - y_0)(x_1 - x_0)\}$$

假设 Δz 代表三角形法向量的 z 分量,有

$$\Delta z = (x_2 - x_0)(y_1 - y_0) - (y_2 - y_0)(x_1 - x_0) \tag{3-4}$$

如果 $\Delta z > 0$,则 P_1 点位于边 $P_0 P_2$ 的左侧,如图 3-14(b)所示;否则,P_1 点位于边 $P_0 P_2$ 的右侧,如图 3-14(c)所示。

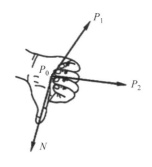 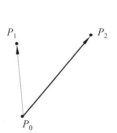 

(a) 右手法则　　　　　　　(b) 点位于边的左侧　　　　　　(c) 点位于边的右侧

图 3-14　判断点与边的位置关系

说明：由于用到了向量的叉积，这里使用的是三维向量来表示平面二维向量，只是 $\overrightarrow{P_0P_2}$ 和 $\overrightarrow{P_0P_1}$ 向量的 z 分量为 0，而垂直于平面的法向量 $\boldsymbol{N}$ 的 x 分量和 y 分量为 0。

3.3.4 平面着色模式填充三角形

无论多么复杂的物体，最终都可以使用三角形小面逼近。解决了填充三角形的问题，就解决了物体的表面着色问题。三角形是一个凸多边形，扫描线与三角形相交只有一对交点，形成一个相交区间，称为跨度。本节以三角形的光栅化为例讲解边标志算法。

在三角形 $P_0P_1P_2$ 中，对顶点进行排序，使 P_0 点为 y 坐标最小的点，P_2 点为 y 坐标最大的点，P_1 点的 y 坐标位于二者之间。P_0P_2 称为三角形的主边。若 P_1 点位于主边左侧，称为左三角形；若 P_1 点位于主边右侧，称为右三角形。为了区分跨度的起点与终点，约定位于三角形跨度左侧的边的特征为真，位于跨度右侧的边的特征为假，如图 3-15 所示。三角形覆盖的扫描线的最小值为 $y_{\min}=P_0y$，最大值为 $y_{\max}=P_2y$。三角形所覆盖的扫描线条数 $n=y_{\max}-y_{\min}+1$。使用 DDA 算法，将三条边离散到标志数组 SpanLeft$[n]$ 和 SpanRight$[n]$ 中。SpanLeft 数组存放边特征为真的离散标志点，SpanRight 数组存放边特征为假的离散标志点。在图 3-15(a)中，SpanLeft 数组存放的是 P_0P_1 边与 P_1P_2 边的标志点，SpanRight 数组存放的是 P_0P_2 边的标志点；在图 3-15(b)中，SpanLeft 数组存放的是 P_0P_2 边的标志点，SpanRight 数组存放的是 P_0P_1 边与 P_1P_2 边的标志点。当扫描线从 $y_{\min}$ 向 $y_{\max}$ 移动时，基于标志数组内标志点的颜色，使用颜色线性插值算法计算跨度内每个像素点的颜色。填充时，根据"左闭右开"的规则，不填充每条扫描线上的最右一个像素；根据下闭上开的规则，不填充最后一条扫描线 $y_{\max}$。

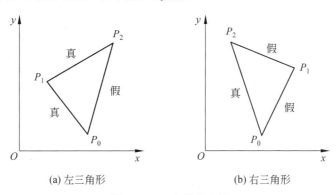

(a) 左三角形　　　　　　　　(b) 右三角形

图 3-15　三角形的分类

算法 9：平面着色的三角形填充算法

例 3-1　使用边标志算法填充图 3-16（a）所示的三角形，写出 SpanLeft 数组与 SpanRight 数组存储的标志。

从图中可知，三角形顶点为 $P_0(1,1)$、$P_1(5,3)$ 和 $P_2(4,7)$。根据三角形主边顶点坐标 P_0 和 P_2，可以计算出扫描线个数 $n=y_2-y_0+1=7$。定义左边标志数组为 SpanLeft$[7]$ 和右边标志数组为 SpanRight$[7]$。由于三角形为右三角形，所以 SpanLeft$[7]$ 数组存放 P_0P_2 边的标志点，SpanRight$[7]$ 数组存放 P_0P_1 边和 P_1P_2 边的标志点。这样，由于数组的下标索引从 0 开始，所以 SpanLeft$[0]$ 和 SpanRight$[0]$ 数组对存放三角形所覆盖的第一条扫描

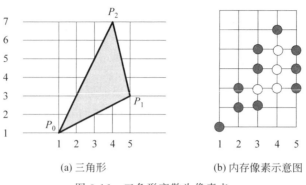

(a) 三角形   (b) 内存像素示意图

图 3-16　三角形离散为像素点

线上跨度两端的边标志点对；SpanLeft[6]和SpanRight[6]数组对存放三角形所覆盖的最后一条扫描线上跨度两端的边标志点对。

第 1 条扫描线：SpanLeft[0]=(1,1)，SpanRight[0]=(1,1)；

第 2 条扫描线：SpanLeft[1]=(2,2)，SpanRight[1]=(3,2)；

第 3 条扫描线：SpanLeft[2]=(2,3)，SpanRight[2]=(5,3)；

第 4 条扫描线：SpanLeft[3]=(3,4)，SpanRight[3]=(5,4)；

第 5 条扫描线：SpanLeft[4]=(3,5)，SpanRight[4]=(5,5)；

第 6 条扫描线：SpanLeft[5]=(4,6)，SpanRight[5]=(4,6)。

图 3-16(b)中，边标志用黑色实心小圆表示，跨度内部的像素点用空心小圆表示。

3.3.5　光滑着色模式填充三角形

在平面着色模式填充三角形的基础上，设定三个顶点的颜色后，可以对三角形进行光滑着色。光滑着色是真实感图形的生成基础，可以使画面明暗自如、色彩丰富。假定，三角形顶点 P_0 的颜色为红色、P_1 的颜色为绿色、P_2 的颜色为蓝色，沿着边和扫描线方向对颜色进行双线性插值，绘制的三角形光滑着色效果如图 3-17 所示。

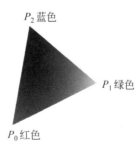

图 3-17　三角形光滑着色效果图

假定四边形的 4 个顶点颜色分别为红、绿、黄、蓝。四边形细分为左上和右下两个三角形，或左下和右上两个三角形，如图 3-18 所示。将其与图 3-12(b)进行对比后可以看出，虽然通过填充两个三角形可以完成填充四边形的任务，但二者的效果有一定差异，两个三角形填充的四边形有明显的分界线。尽管如此，OpenGL 或者 DirextX 中仍将四边形细分为两个三角形后，才分别进行填充。

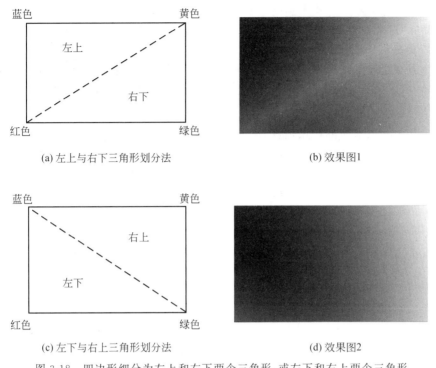

(a) 左上与右下三角形划分法　　　　　(b) 效果图1

(c) 左下与右上三角形划分法　　　　　(d) 效果图2

图 3-18　四边形细分为左上和右下两个三角形，或左下和右上两个三角形

算法 10：光滑着色的三角形填充算法

3.4　有效边表算法

3.3 节介绍的边标志算法用于填充三角形。如果需要填充复杂的多边形，则可以使用 x 扫描线算法。该算法可以一次性完成复杂多边形的填充，而不用将多边形细分为三角形。

3.4.1　x 扫描线法

多边形分为凸多边形与凹多边形。扫描线与凸多边形相交只有一个跨度。扫描线与凹多边形边界可能会出现多个跨度。x 扫描线算法填充多边形的基本思想是按扫描线顺序，计算扫描线与多边形的相交区间，再用指定的颜色显示这些区间的像素。x 扫描线算法的核心是须按 x 递增顺序排列交点的 x 坐标序列。由此可以得到 x 扫描线算法步骤如下。

（1）确定多边形覆盖的扫描线条数，得到多边形顶点的最小 y 值 y_{min} 和最大 y 值 y_{max}。

（2）从 $y = y_{min}$ 到 $y = y_{max}$，每次用一条扫描线进行填充。对每条扫描线的填充过程可分为以下 4 个步骤。

① 求交：计算扫描线与多边形各边的交点。

② 排序：把所有交点按 x 坐标递增顺序进行排序。

③ 配对：将相邻交点配对，每对交点代表扫描线与多边形相交的一个跨度。

④ 着色：把这些跨度内的像素置为填充色。

x 扫描线算法在处理每条扫描线时，需要与多边形的所有边求交，处理效率很低。这是因为一条扫描线往往只与多边形的少数几条边相交,甚至与整个多边形都不相交。若在处理每条扫描线时,把所有边都拿出来与扫描线求交,则其中绝大多数运算都是徒劳的。因此将 x 扫描线算法加以改进,形成有效边表算法,也称为 y 连贯性算法。

有效边表算法的基本思想是按照扫描线从小到大的移动顺序,计算当前扫描线与多边形有效边的交点,然后把这些交点按 x 值递增的顺序进行排序、配对,以确定填充区间。有效边表算法通过维护边表(edge table,ET)与有效边表(active edge table,AET),避开了扫描线与多边形所有边求交的复杂运算,已成为最常用的多边形光栅化算法之一。有效边表算法可以填充凸多边形、凹多边形和环。

3.4.2　示例多边形

以图 3-19 所示的凹多边形为示例多边形,讲解有效边表算法。示例多边形的点元表示法为 $P_0(7,8)$、$P_1(3,12)$、$P_2(1,7)$、$P_3(3,1)$、$P_4(6,5)$、$P_5(8,1)$、$P_6(12,9)$。多边形覆盖的扫描线最小值为 $y_{\min}=1$,最大值为 $y_{\max}=12$。假定多边形各个顶点的颜色都相同,填充模式为平面着色。

图 3-20 中,扫描线 $y=3$ 与示例多边形有 4 个交点 $(2.3,3)$、$(4.5,3)$、$(7,3)$ 和 $(9,3)$。边界交点的整数坐标为 $(2,3)$、$(5,3)$、$(7,3)$ 和 $(9,3)$。每个跨度的最后一个整数像素分别为 $(5,3)$ 和 $(9,3)$,根据"左闭右开"规则不予填充。按 x 值递增的顺序对交点进行排序、配对后的填充区间为 $[2,4]$ 和 $[7,8]$,共有 5 个像素。为了避免填充 $[5,6]$ 区间,填充时设置一个逻辑变量(初始值为假)进行区间内部外部测试(inside-outside test)。按 x 值递增的顺序,每访问一个交点,逻辑变量就取反一次。如果进入区间内部,逻辑变量为真;如果离开区间内部,逻辑变量则为假。填充逻辑变量为真的所有区间内的像素,这样可以对有多个跨度的扫描线进行正确处理。例如,进入区间 $[2,4]$ 之内,逻辑变量为真;离开区间 $[2,4]$ 后,逻辑变量为假。再次进入 $[7,8]$ 之内,逻辑变量为真;离开区间 $[7,8]$ 后,逻辑变量为假。

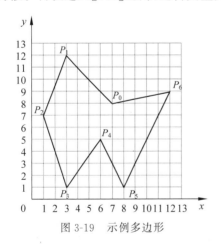

图 3-19　示例多边形

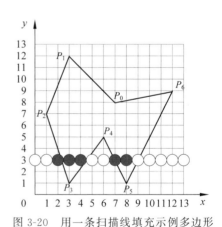

图 3-20　用一条扫描线填充示例多边形

3.4.3　顶点处理规则

示例多边形的顶点可以分为 3 类。局部最高点 P_1、P_6 和 P_4,共享顶点的两条边均落在顶点所在扫描线的下方;普通连接点 P_2,共享顶点的两条边分别落在顶点所在扫描线的两侧;局部最低点 P_0、P_3 和 P_5,共享顶点的两条边均落在顶点所在扫描线的上方。处理时,常根据共享顶点的两条边的另一端的 y 值大于顶点 y 值的个数来将顶点个数分别置为 0、1 和 2。事实上,根据"下闭上开"的处理规则,有效边表算法能自动处理这 3 类顶点。

1. 普通连接点的处理规则

图 3-21 中,普通连接点 P_2 是边 P_3P_2 的终点,同时也是边 P_2P_1 的起点,顶点个数计为 1。按照"下闭上开"的规则,P_2 点作为 P_3P_2 边的终点不予填充,但作为 P_2P_1 边的起点予以填充。

2. 局部最低点的处理规则

P_0 点、P_3 点和 P_5 点是局部最低点。如果处理不当,扫描线 $y=1$ 会填充区间 $[3,8]$,结果填充了 P_3 到 P_5 点之间的像素,如图 3-21 中 $y=1$ 扫描线所示。将局部最低点的顶点个数计数为 2。$y=1$ 的扫描线填充时,共享顶点 P_3 的 P_3P_2 边与 P_3P_4 边加入有效边表,所以 P_3 点被填充两次;同理,共享顶点 P_5 的 P_5P_4 边与 P_5P_6 边加入有效边表,P_5 点也被填充两次;共享顶点 P_0 的 P_0P_1 边与 P_0P_6 边加入有效边表,P_0 点也被填充两次。

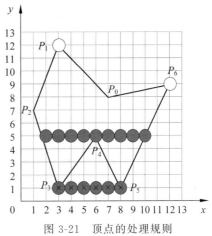

图 3-21 顶点的处理规则

3. 局部最高点的处理规则

局部最高点的顶点个数计数为 0。根据"下闭上开"规则,扫描线会自动放弃 P_1 点、P_4 点和 P_6 点。P_1 点与 P_6 点将不予填充,而 P_4 点被经过 P_3P_2 和 P_5P_6 边的扫描线 $y=5$ 予以填充,如图 3-21 所示。

3.4.4 有效边与有效边表

1. 有效边

多边形与当前扫描线相交的边称为有效边。在处理一条扫描线时仅对有效边进行求交运算,可以避免与多边形的所有边求交,提高了算法效率。

2. 有效边表

将有效边按照与扫描线交点 x 坐标递增的顺序存放在一个链表中,称为有效边表。有效边表利用了边的连贯性。

(1)与扫描线 y_i 相交的边,多数与扫描线 y_{i+1} 相交。

(2)从一条扫描线到下一条扫描线,交点的 x 值增量相等。有效边表的结点如图 3-22 所示。

x	y_{max}	$1/k$	next

图 3-22 有效边表的结点

图 3-22 中,x 为当前扫描线与有效边的交点;y_{max} 为有效边所在扫描线的最大值,用于判断该边何时扫描完毕后被抛弃而成为无效边;$1/k$ 为 x 坐标的增量,其值为斜率的倒数。

对于图 3-19 给出的示例多边形,扫描线 $y=1$ 至 $y=3$ 的有效边表如图 3-23 所示。

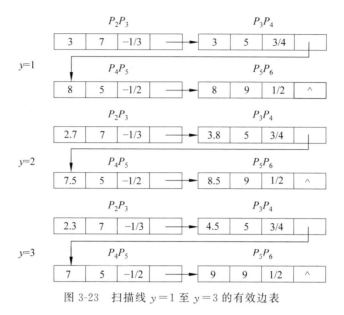

图 3-23 扫描线 $y=1$ 至 $y=3$ 的有效边表

$y=4$ 的扫描线处理完毕后,因为下一条扫描线 $y=5$ 与 $y_{\max}$ 相等,根据"下闭上开"的原则,把 P_3P_4 和 P_4P_5 两条边删除,如图 3-24 所示。

$y=6$ 的扫描线处理完毕后,因为下一条扫描线 $y=7$ 与 $y_{\max}$ 相等,根据"下闭上开"的规则,把 P_2P_3 边删除。

当 $y=7$ 时,添加新边 P_1P_2,如图 3-25 所示。

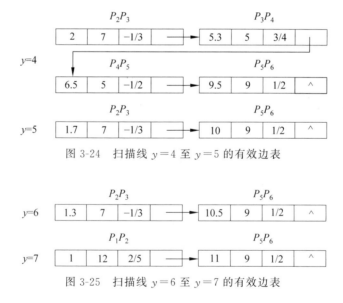

图 3-24 扫描线 $y=4$ 至 $y=5$ 的有效边表

图 3-25 扫描线 $y=6$ 至 $y=7$ 的有效边表

当 $y=8$ 时,添加上新边 P_0P_1 和 P_0P_6,如图 3-26 所示。这条扫描线处理完毕后,因为下一条扫描线 $y=9$ 与 $y_{\max}$ 相等,根据"下闭上开"的规则,将 P_5P_6 边和 P_0P_6 边删除,如图 3-27 所示。

$y=11$ 的扫描线处理完毕后,因为下一条扫描线 $y=12$ 与 $y_{\max}$ 相等,根据"下闭上开"的

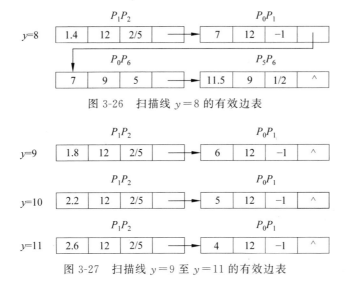

图 3-26　扫描线 $y=8$ 的有效边表

图 3-27　扫描线 $y=9$ 至 $y=11$ 的有效边表

规则,将 P_1P_2 边和 P_0P_1 边删除。

至此,给出了示例多边形的全部有效边表。

3.4.5　桶表与边表

从有效边表的建立过程可以看出,有效边表给出了扫描线与有效边交点坐标的计算方法,但是并没有给出新边出现的位置。为了确定在哪条扫描线上插入新边,就需要构造一个边表,用以存放扫描线上多边形各边出现的信息。因为水平边的 $1/k$ 为 ∞,并且水平边本身就是扫描线,在建立边表时可以不予考虑。

1. 桶表与边表的表示法

(1) 桶表(bucket table)是按照扫描线顺序管理边出现情况的一个数据结构。首先,构造一个纵向扫描线链表,链表的长度为多边形所覆盖的最大扫描线数,链表的每个结点称为桶,对应多边形覆盖的每条扫描线。

(2) 将每条边的信息链入与该边最小 y 坐标($y_{\min}$)相对应的桶处。也就是说,若某边的低端点为 $y_{\min}$,则该边就存放在相应的扫描线桶中。边的低端点与高端点的定义如图 3-28 所示。低端点的 y 坐标(扫描线)小,高端点的 y 坐标(扫描线)大。

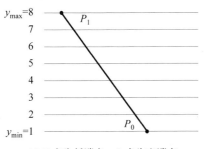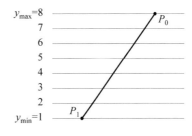

(a) P_0 点为低端点,P_1 点为高端点　　(b) P_1 点为低端点,P_0 点为高端点

图 3-28　按照扫描线大小定义边的端点

（3）对于每条扫描线,如果新增多条边,则按 $x|y_{\min}$ 坐标递增的顺序存放在一个链表中,若 $x|y_{\min}$ 相等,则按照 $1/k$ 由小到大排序,这样就形成边表,如图 3-29 所示。

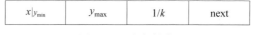

$x|y_{\min}$	$y_{\max}$	$1/k$	next

图 3-29　边表结点

图 3-29 中,x 为新增边低端点的 x 值,表示为 $x|y_{\min}$,用于判断边表在桶中的排序;$y_{\max}$ 是该边高端点的最大扫描线值,用于判断该边何时成为无效边。$1/k$ 是 x 坐标的增量,即 $\Delta x/\Delta y$。对比图 3-22 与图 3-29,可以看出边表是有效边表的特例,即在该边低端点处的一个有效边表。有效边表与边表可以使用同一个 CAET 类来表示。

2. 桶表与边表示例

为了高效地将边加入到有效边表中,需要在初始化时建立一个包含多边形所有边的边表。边表是按照桶排序的方式建立的,有多少条扫描线就有多少个桶。在每个桶中,根据边的低端的 x 坐标,按照增序的方式排列每条边。对于图 3-19 给出的示例多边形,桶表与边表结构如图 3-30 所示。

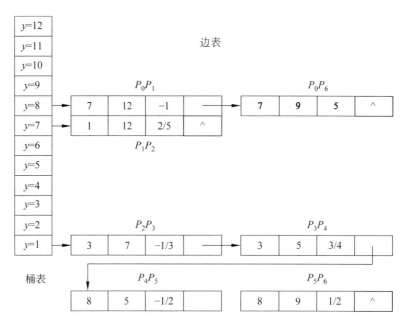

图 3-30　示例多边形的桶表与边表

算法 11：有效边表填充算法

例 3-2　使用有效边表算法填充图 3-31 所示的三角形,写出边表与各条扫描线的有效边表。

边表如图 3-32 所示,在第一条扫描线上出现两条边,在第 3 条扫描线上出现一条边。有效边表如图 3-33 所示,在第 3 条扫描线上抛弃 $P_0 P_1$ 边,在第 7 条扫描线上抛弃 $P_0 P_2$ 边和 $P_1 P_2$ 边。

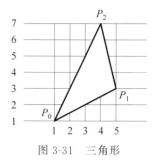

图 3-31　三角形

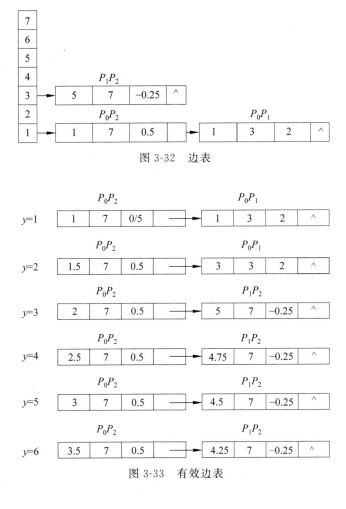

图 3-32　边表

图 3-33　有效边表

3.5　边填充算法

3.5.1　填充原理

有效边表算法填充多边形的优点是多边形内的每个像素仅被访问一次。由于扫描线上每个跨度的两端点像素在填充前就已经确定,因此可以对跨度内的像素进行光滑着色;有效边表算法的缺点是维护和排序各种表的开销太大。

Agkland 和 Weste 提出的另一种填充算法是边填充算法。边填充算法是先求出多边形的每条边与扫描线的交点,然后将交点右侧的所有像素颜色全部取为补色。边填充算法中,边的顺序无关紧要。按某个顺序处理完多边形的所有边后,就完成了多边形的填充任务。

边填充算法利用了图像处理中的"取补"的概念,对于黑白图像,取补就是将白色的像素取为黑色,反之亦然;对于彩色图像,取补就是将背景色取为填充色,反之亦然。取补的一条基本性质是一个像素经过两次取补就恢复为原色。如果多边形的内部像素取补奇数次,则显示为填充色;如果取补偶数次,则保持为背景色。

3.5.2 填充过程

假定边的顺序为 E_0、E_1、E_2、E_3、E_4、E_5 和 E_6,如图 3-34 所示。这里,边的顺序并不影响填充结果,只是方便编写算法的循环结构而已。边填充算法处理过程如图 3-35 所示。

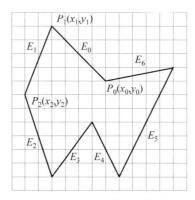

图 3-34 标注了边顺序的示例多边形

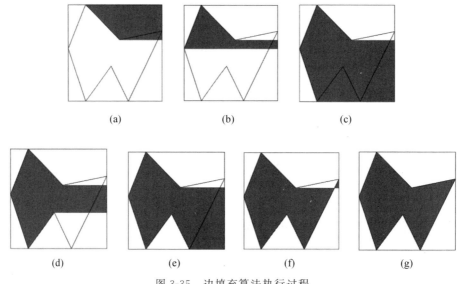

图 3-35 边填充算法执行过程

对于 E_0 边,边的低端点为 $P_0(x_0,y_0)$,高端点为 $P_1(x_1,y_1)$。该边扫描线的最小值为 $y_{\min}=y_0$,最大值为 $y_{\max}=y_1$,斜率为 $k=\dfrac{y_1-y_0}{x_1-x_0}$,边上当前扫描线的坐标为 x_i,边上下一条扫描线的坐标为 $x_{i+1}=x_i+1/k$。在扫描线沿着该边从 y_0 向 y_1 移动的过程中,将该边右侧像素的颜色全部取补,即将 E_0 边右侧的像素全部置为填充色,如图 3-35(a)所示。对于 E_1 边,边的低端点为 $P_2(x_2,y_2)$,高端点为 $P_1(x_1,y_1)$。该边扫描线的最小值为 $y_{\min}=y_2$,最大值为 $y_{\max}=y_1$,斜率为 $k=\dfrac{y_2-y_1}{x_2-x_1}$。在扫描线沿着该边从 y_2 移动到 y_1 的过程中,将该边右侧像素的颜色全部取补,即将 E_1 边与 E_0 边之间的像素置为填充色,而 E_0 边右侧的像素经过两次取补恢复为背景色,如图 3-35(b)所示。按照某个顺序处理完多边形的每条边后,填充过程就结束了。

边填充算法特别适合于具有帧缓冲的显示器,可以按任意的顺序处理多边形的每条边。当所有的边处理完毕后,按扫描线顺序读出帧缓冲的内容并送显示设备。边填充算法的优点是不需要任何数据存储,缺点是复杂图形的许多边经过同一条扫描线,导致一些像素可能被访问多次。算法的效率受到边右侧像素数量的影响,右侧像素越多,需要取补的像素也就越多。为了减少边右侧像素的访问次数,可以在多边形的包围盒内进行像素取补,如图 3-36所示。包围盒就是包含该多边形的最小矩形,即用多边形在 x、y 方向的最大值和最小值作为顶点绘制的矩形。为了提高效率,有时也可以在多边形内添加一条边界,称为栅栏,如图 3-37 所示。这便是 Dunlavey 于 1983 年提出的栅栏填充算法。为了计算方便,栅栏通常取过多边形某一顶点的垂线。栅栏填充算法在处理每条边与扫描线的交点时,只将交点与栅栏之间的像素取补。若交点位于栅栏左侧,将交点之右、栅栏左侧的所有像素取补;若交点位于栅栏右侧,将交点左侧、栅栏右侧的所有像素取补。图 3-38 给出了使用栅栏填充算法填充示例多边形的执行过程。

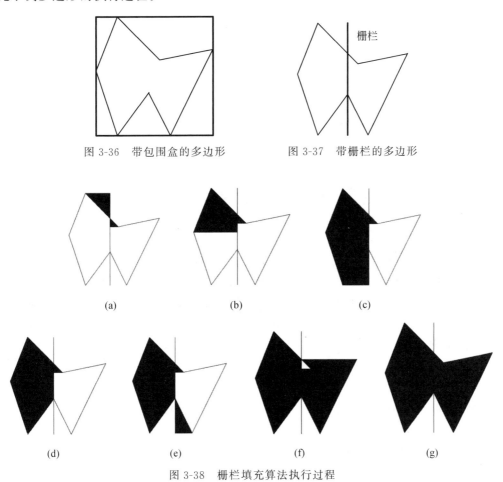

图 3-36　带包围盒的多边形　　　　图 3-37　带栅栏的多边形

图 3-38　栅栏填充算法执行过程

算法 12:边填充算法

例 3-3　在窗口客户区内,使用边填充算法填充图 3-39 所示的三角形。

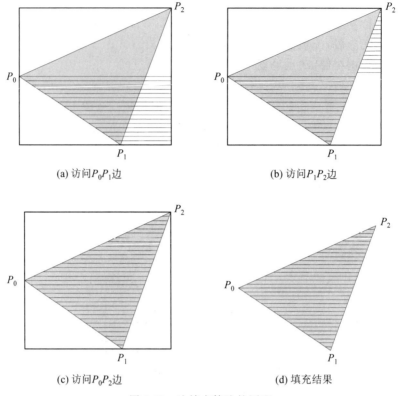

(a) 访问P_0P_1边

(b) 访问P_1P_2边

(c) 访问P_0P_2边

(d) 填充结果

图 3-39　边填充算法的原理

3.6　区域填充算法

　　前面讨论的填充算法都是按照扫描线顺序对多边形进行着色,而区域填充算法则采用了完全不同的策略。区域填充算法假设,区域内部至少有一个像素是已知的,将该像素(称为种子像素)的颜色扩展至整个区域。区域是指相互连通的一组像素的集合,因为只有在连通域内,才可能将种子像素的颜色扩展到其他像素点。区域可以采用内点表示与边界表示两种形式。如果区域是用内点表示的,那么区域内的所有像素具有同一种颜色,区域外的像素具有另一种颜色,如图 3-40 所示;如果区域是用边界表示,区域内部像素与边界像素具有不同的颜色,区域外部的像素可以与内部像素同色或不同色,如图 3-41 所示。基于内点表示的填充算法称为泛填充算法(flood fill algorithm)。基于边界表示的填充算法称为边界填充算法(boundary fill algorithm)。泛填充算法与边界填充算法都

图 3-40　区域的内点表示

是从区域内的一个种子像素开始填充,所以统称为种子填充算法(seed fill algorithm)。无论是采用内点表示还是边界表示,区域均可以划分为四连通域与八连通域。要定义四连通域与八连通域,首先要定义一个像素的四邻接点与八邻接点。

(a) 外部与内部不同色　　　　　　　(b) 外部与内部同色

图 3-41　区域的边界表示

3.6.1　四邻接点与八邻接点

1. 四邻接点定义

对于区域内部任意一个像素,其左、上、右、下 4 个相邻像素称为四邻接点,如图 3-42(a)所示。

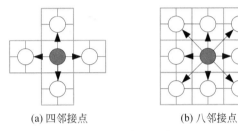

(a) 四邻接点　　　　　　(b) 八邻接点

图 3-42　邻接点定义

2. 八邻接点定义

对于区域内部任意一个像素,其左、左上、上、右上、右、右下、下和左下 8 个相邻像素称为八邻接点,如图 3-42(b)所示。

3.6.2　四连通域与八连通域

1. 四连通域定义

如果从区域内部任意一个种子像素出发,通过访问其水平方向、垂直方向的四个邻接点就可以遍历整个区域,则称为四连通(4-connected)区域,如图 3-43 所示。

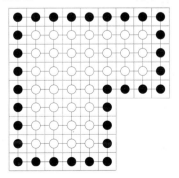

图 3-43　边界表示的四连通域

2. 八连通域定义

如果从区域内部任意一个种子像素出发,不仅要访问其水平方向、垂直方向的 4 个邻接点,而且也要访问其对角线方向的 4 个邻接点才能遍历整个区域,则称为八连通(8-connected)区域。图 3-44 为边界表示的八连通域,由左下部子区域与右上部子区域组成,在子区域连接处有一个像素的对角线方向空隙。

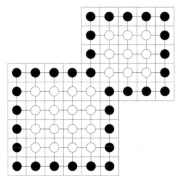

图 3-44　边界表示的八连通域

按照四邻接点的定义,四连通域边界采用图 3-45 所示的任何一种边界定义,都能确保种子像素不会跨越边界。图 3-46 为图 3-44 所示八连通域的内点表示。

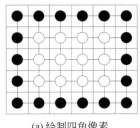
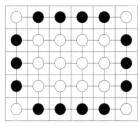

(a)绘制四角像素　　　　　　　　(b)空缺四角像素

图 3-45　四连通域边界

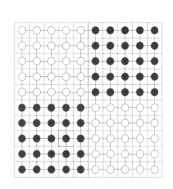

(a) 真实图形　　　　　　　　(b)像素点阵图

图 3-46　内点表示的八连通域

3.6.3 种子填充算法

种子填充算法是假定区域内有一个像素已知,该像素称为种子。从种子像素点开始,使用四邻接点方式搜索下一像素的填充算法称为四连通算法。从种子像素点开始,使用八邻接点方式搜索下一像素的填充算法称为八连通算法。八连通算法可以填充四连通域,但是四连通算法却不能填充八连通域。八连通算法的设计与四连通算法基本相似,只要把搜索方式由四邻接点修改为八邻接点即可。

区域填充中最常用的是多边形着色。图 3-47 所示八连通域,细分为两个子区域。假定种子像素位于区域的左下部,如果使用四连通算法则只能填充其左下部子区域,而不能进入其右上部子区域,如图 3-47(a)所示。八连通算法则可以从左下部子区域,穿越一个像素的对角线方向空隙进入右上部子区域,填充完整的八连通域,如图 3-47(b)所示。

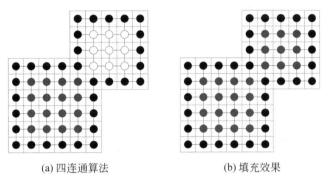

(a) 四连通算法　　　　　　　　(b) 填充效果

图 3-47　种子算法填充八连通域

使用递归和堆栈都可以实现种子填充算法,递归方法实现简单,堆栈方法复杂。本教材通过扩大系统的"堆栈保留大小",基于递归讲解种子填充算法。

算法 13:连通域种子填充算法

1. 边界表示的种子填充算法

假定种子像素的颜色是 SeedClr,边界像素的颜色为 BoundaryClr,当前像素的颜色是 Color。

(1) 读取种子像素的颜色,并将其作为当前像素的颜色。

(2) 如果当前像素的颜色不是边界颜色并且未置成种子颜色,用种子颜色绘制当前像素。

(3) 递归绘制当前像素的左、左上、上、右上、右、右下、下和左下的相邻 8 个像素。

这里给出的是八连通算法,函数命名为 BoundaryFill8;如果将像素的搜索方法改为左、上、右、下,则为四连通算法可命名为 BoundaryFill4。

2. 内点表示的种子填充算法

假定区域新颜色是 NewClr,也称为种子颜色;原有颜色为 OldClr,当前像素的颜色是 Color。

内点表示的种子算法与边界表示的种子算法类似,只是判断条件不同。边界表示的种子算法的判断条件是"如果当前像素的颜色不是边界颜色并且未置成种子颜色"。内点表示的种子算法的判断条件是"如果当前像素的颜色是原有颜色"。如果搜索当前像素的左、左上、上、右上、右、右下、下和左下 8 个邻接点像素,则定义为八连通算法 FloodFill8。如果只搜索当前像素的左、上、右、下 4 个邻接点像素,则定义为四连通算法 FloodFill4。

上述四连通与八连通种子填充算法与扫描线顺序无关,只是按照既定的邻接点顺序递归来完成填充过程,会把大量的像素压入堆栈,不但降低了算法的效率,而且占用了大量的存储空间。考虑到扫描线的相关性,更为有效的种子算法是 A.R.Smith 于 1979 年提出的扫描线种子填充算法。扫描线种子填充算法需要使用栈结构,栈内种子像素出栈,沿扫描线填充种子像素所在的水平连续像素跨度,仅将上下相邻扫描线上的每个跨度的一个边界像素入栈。扫描线种子填充算法属于四连通算法,只能用于填充四连通域,不能填充八连通域。四连通定义域可以为凸、凹多边形,多边形可以包含一个或多个孔。

3. 边界表示的扫描线种子填充算法

该算法的原理是,先将种子像素入栈,种子像素为栈底像素,若栈不为空,则执行如下 4 步操作。

(1) 种子像素出栈。

(2) 沿扫描线对出栈像素的左右像素进行填充,直至遇到边界像素为止。即每出栈一个像素,就填充区域内包含该像素的整个连续跨度。

(3) 同时记录该跨度边界,将跨度最左端像素记为 x_{Left},最右端像素记为 x_{Right}。

(4) 在跨度 $[x_{Left}, x_{Right}]$ 中检查与当前扫描线相邻的上、下两条扫描线的有关像素是否全为边界像素或者是前面已经填充过的像素。若存在非边界且未填充的像素,则将每一跨度的最右端像素作为种子像素入栈。

对于图 3-48(a)所示的空心汉字区域,种子像素位于图 3-48(b)所示扫描线上。填充时,先向下填充,再向上填充,过程如图 3-48(c)、(d)所示。

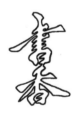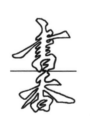
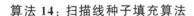

(a) 空心汉字　　(b) 种子像素所在扫描线　　(c) 先向下填充　　(d) 先向上填充

图 3-48　边界表示扫描线种子填充算法

算法 14:扫描线种子填充算法

例 3-4　使用扫描线种子算法逐个像素填充图 3-49 所示的凹区域。该区域是四连通域,采用边界定义,填充色为灰色。试考察扫描线种子算法填充此区域所需链栈深度。

假定种子像素为(2,5),标号为"0"。初始化时,种子像素入栈。算法一开始,种子像素出栈,然后向右、向左填充种子像素所在的跨度。找出 $y=5$ 扫描线跨度的右端点坐标为 $x_{Right}=9$,左端点坐标为 $x_{Left}=1$。然后检查上面一条扫描线($y=6$),它不是边界像素且尚未填充,最右端像素是(8,6),将其入栈,标号为"1"。接着检查下面一条扫描线($y=4$),它既非边界线,也未被填充,且被内边界分割为两个子跨度。左子跨度取像素(3,4)入栈,标记为"2"。由于像素(4,4)颜色是边界颜色,当前像素继续向右访问,进入右子跨度,取像素(10,4)入栈,标记为"3"。第一遍算法结束,填充结果如图 3-50 所示。

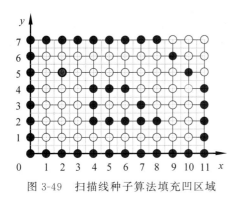

图 3-49 扫描线种子算法填充凹区域

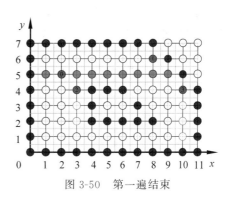

图 3-50 第一遍结束

由于堆栈不为空,算法继续弹出栈顶像素。首先弹出像素(9,4),在扫描线 $y=4$ 的右子跨度中,$x_{\text{Right}}=10$,$x_{\text{Left}}=7$,填充该子跨度。检查上面一条扫描线 $y=5$,它已经被填充。检查下面一条扫描线 $y=3$,取像素(10,3)入栈,同样标记为"3",如图 3-51(a)所示。算法逐条填充区域右子跨度,直到像素(10,1)入栈,如图 3-51(c)所示。像素(10,1)出栈,向右、向左填充该跨度,得到 $x_{\text{Left}}=1$,$x_{\text{Right}}=10$。右子跨度填充完毕。开始向上填充左子跨度。检查上面一条扫描线 $y=2$,种子像素(3,2)入栈,标记为"3",如图 3-51(d)所示。算法逐条填充区域左子跨度,直到像素(3,3)入栈,标记为"3",如图 3-51(e)所示。像素(3,3)出栈后,向右、向左填充该左子跨度。检查其上面一条扫描线 $y=4$,像素(3,4)二次入栈。这样没有新的像素被压入堆栈。然后将标志 3、2、1 的像素依次出栈,并填充 $y=6$ 的扫描线。这时,仍然没有新像素入栈,堆栈为空,算法结束。本例中链栈最大深度为 3。

4. 内点表示的扫描线种子填充算法

将判断条件由"出栈像素是否为边界颜色"改变为"出栈像素是否为原色",则扫描线种子填充算法就可以由边界表示修改为内点表示。在黑色背景上,用白色内点表示的牛的剪影如图 3-52(a)所示。选用红色种子,将剪影填充为红色,效果如图 3-52(b)所示。

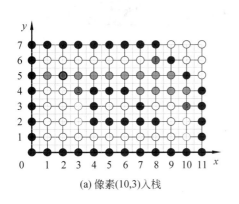

(a) 像素(10,3)入栈

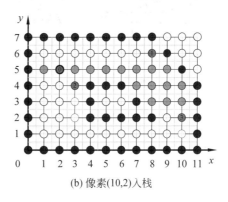

(b) 像素(10,2)入栈

图 3-51 扫描线种子算法填充顺序

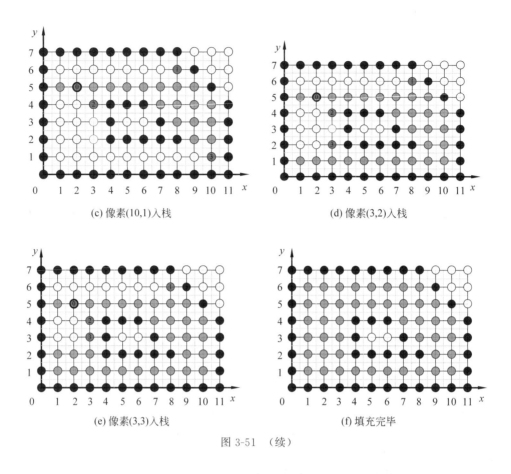

(c) 像素(10,1)入栈　　　　　　　　(d) 像素(3,2)入栈

(e) 像素(3,3)入栈　　　　　　　　(f) 填充完毕

图 3-51 （续）

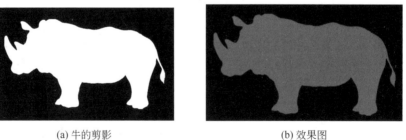

(a) 牛的剪影　　　　　　　　　(b) 效果图

图 3-52　内点表示的扫描线种子填充算法

3.7　本章小结

　　有效边表算法需要建立、维护边表以及对它进行排序。边标志算法通过光栅化轮廓线来填充多边形,更适合于硬件实现。这两种算法的共同优点是由于已知跨度的起点坐标和终点坐标,所以可以对端点颜色进行线性插值,适合于绘制光滑着色表面。区域填充种子算法属于图像处理范畴,主要包括四连通算法与八连通算法。由于未考虑像素间的相关性,只是孤立地对单个像素进行测试,该算法效率很低。改进方法是使用扫描线种子填充算法。

扫描线种子算法适合填充四连通的凸凹区域或环状区域。

习　题　3

1. 使用 DDA 算法沿扫描线方向离散化边 $P_0(0,0)$ 到 $P_1(12,9)$，计算标志点的 x 坐标并填入表 3-1 中。将标志点圆整后填入表 3-1 中，并在图 3-53 中用黑色绘制标志点。观察图 3-54 中，三角形各边使用本算法离散后，标志点在扫描线方向构成封闭区间。逐条访问每条扫描线，可以填充三角形。

表 3-1　x,y 和整数坐标

x	y	整数点	x	y	整数点
	0			5	
	1			6	
	2			7	
	3			8	
	4			9	

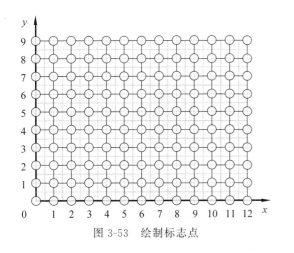

图 3-53　绘制标志点　　　　　　　　图 3-54　DDA 算法离散三角形

2. 已知三角形的顶点坐标为 $P_0(100,100)$、$P_1(200,110)$、$P_2(180,150)$，如图 3-55 所示，试计算三角形覆盖的扫描线条数，并判断三角形是左三角形还是右三角形。

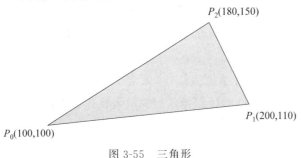

图 3-55　三角形

3. 三角形的定义同第 2 题,试写出三角形的桶表与边表。

4. 试写出图 3-56 所示多边形的边表和扫描线 $y=4$ 的有效边表。

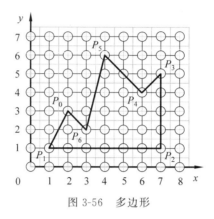

图 3-56　多边形

5. 在边填充算法的执行过程中,从左边界到多边形的像素数量要远大于多边形内部的像素数量,许多像素被多次访问,如图 3-57 所示。为此,常在多边形内设置栅栏来减少参与访问的像素数量。栅栏通常取为多边形的某一顶点的 x 坐标,比如取正方形的左上顶点,如图 3-58 所示。在处理每条扫描线时,只将交点与栅栏间的像素取补。试为图 3-57 所示多边形设置包围盒,在包围盒内作图实现边填充算法.试说明图 3-58 的栅栏填充算法是否需要为多边形设置包围盒。

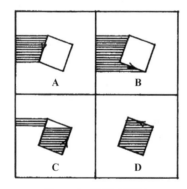

图 3-57　边填充算法

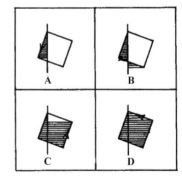

图 3-58　栅栏填充算法

6. 设计栈结构并采用边界表示的四连通算法填充图 3-59(a)所示图形,图 3-59(b)为栈示意图,试画出填充过程中栈内像素的变化情况。

说明:图 3-59(a)中标记为 s 的红色像素为种子像素,标志为 a~k 的白色像素为待填充像素,黑色像素为边界像素。

7. 种子像素坐标为(5,6),颜色为红色,标志为 s。使用扫描线种子填充算法填充如图 3-60 所示的带孔区域。用圆圈标记每条扫描线入栈像素的位置,并用圈中数字表示堆栈深度。

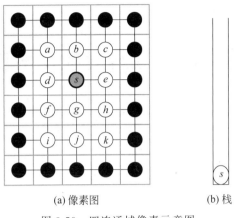

(a) 像素图   (b) 栈

图 3-59   四连通域像素示意图

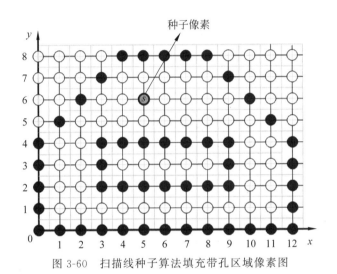

种子像素

图 3-60   扫描线种子算法填充带孔区域像素图

第4章 二维变换与裁剪

通过对图形进行几何变换,可以由简单图形构造出复杂图形。如果借助于动画技术,几何变换技术可以让图形运动起来。几何变换是对图形进行平移(translation)、比例(scale)、旋转(rotation)、反射(reflection)和错切(shear)。几何变换可以分为二维几何变换与三维几何变换(简称二维变换与三维变换),而二维变换又是三维变换的基础。本章先讲解二维变换,然后将二维变换定义为CTransform2类。

4.1 二 维 变 换

设 $P(x,y)$ 为变换前的二维点,$P'(x',y')$ 为变换后的二维点。二维变换是通过点变换实现的。

4.1.1 平移变换

平移是一种不产生变形而移动物体的变换,物体上每个点移动相同数量的坐标。平移变换是指将 P 点沿直线路径移动到 P' 位置的过程,如图 4-1 所示。

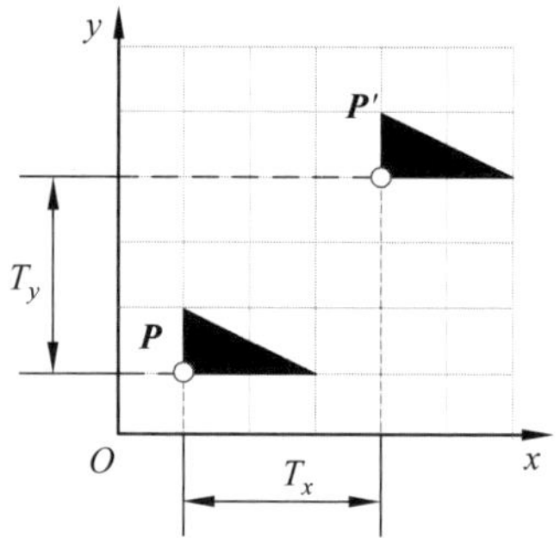

平移变换的坐标表示为

$$\begin{cases} x' = x + T_x \\ y' = y + T_y \end{cases}$$

其中,T_x、T_y 为平移系数。T 代表 Translate。

如果使用列向量表示二维点,相应的矩阵表示为

$$\begin{bmatrix} x' \\ y' \end{bmatrix} = \begin{bmatrix} x \\ y \end{bmatrix} + \begin{bmatrix} T_x \\ T_y \end{bmatrix} \quad (4\text{-}1)$$

则

$$P' = \begin{bmatrix} x' \\ y' \end{bmatrix}, \quad P = \begin{bmatrix} x \\ y \end{bmatrix}, \quad T = \begin{bmatrix} T_x \\ T_y \end{bmatrix}$$

式(4-1)可以表示为二维平移方程

$$P' = P + T$$

有时,矩阵变换方程使用行向量而不是列向量表示法,这时写为

$$P' = [x' \quad y'], \quad P = [x \quad y], \quad T = [T_x \quad T_y]$$

由于点的列向量表达式是标准数学表达式,而且像 GKS、PHIGS 等多数图形软件包也使用列向量表示法,因此本教材遵循此习惯,使用列向量来表示几何变换矩阵。

图 4-1 平移变换

4.1.2 比例变换

比例变换也称为缩放变换,是指 P 点相对于坐标原点 O,沿 x 方向缩放 S_x 倍,沿 y 方

向缩放 S_y 倍,得到 P' 点的过程,如图 4-2 所示。

比例变换的坐标表示为

$$\begin{cases} x' = xS_x \\ y' = yS_y \end{cases}$$

其中,S_x、S_y 为比例系数。这里,S 代表 Scale。

相应的矩阵表示为

$$\begin{bmatrix} x' \\ y' \end{bmatrix} = \begin{bmatrix} S_x & 0 \\ 0 & S_y \end{bmatrix} \begin{bmatrix} x \\ y \end{bmatrix} \tag{4-2}$$

式(4-2)可以表示为

$$P' = S \cdot P$$

其中,比例矩阵为

$$S = \begin{bmatrix} S_x & 0 \\ 0 & S_y \end{bmatrix}$$

比例变换可以改变二维图形的形状。当 $S_x = S_y$ 且 S_x、S_y 大于 1 时,图形等比放大;当 $S_x = S_y$ 且 $0 < S_x < 1, 0 < S_y < 1$ 时,图形等比缩小;当 $S_x \neq S_y$ 时,图形发生形变。

4.1.3 旋转变换

旋转变换是指 P 点相对于坐标原点 O 旋转一个角度 β(规定:旋转角的正值为逆时针方向,旋转角的负值为顺时针方向),得到 P' 点的过程,如图 4-3 所示。图中 α 为起始角,β 为旋转角,r 为从原点到 P 或 P' 的距离。

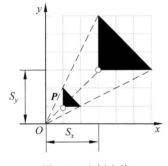

图 4-2 比例变换

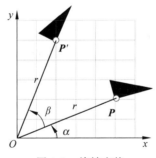

图 4-3 旋转变换

P 点的极坐标表示为

$$\begin{cases} x = r\cos\alpha \\ y = r\sin\alpha \end{cases}$$

P' 点的极坐标表示为

$$\begin{cases} x' = r\cos(\alpha + \beta) = r\cos\alpha\cos\beta - r\sin\alpha\sin\beta = x\cos\beta - y\sin\beta \\ y' = r\sin(\alpha + \beta) = r\cos\alpha\sin\beta + r\sin\alpha\cos\beta = x\sin\beta + y\cos\beta \end{cases}$$

相应的矩阵表示为

$$\begin{bmatrix} x' \\ y' \end{bmatrix} = \begin{bmatrix} \cos\beta & -\sin\beta \\ \sin\beta & \cos\beta \end{bmatrix} \begin{bmatrix} x \\ y \end{bmatrix} \tag{4-3}$$

式(4-3)可以表示为

$$P' = R \cdot P$$

其中，旋转矩阵为

$$R = \begin{bmatrix} \cos\beta & -\sin\beta \\ \sin\beta & \cos\beta \end{bmatrix}$$

4.1.4 反射变换

反射变换也称为对称变换，是指 P 点关于原点或某个坐标轴反射得到 P' 点的过程。可以细分为关于原点反射、关于 x 轴反射、关于 y 轴反射等几种情况，如图 4-4 所示。

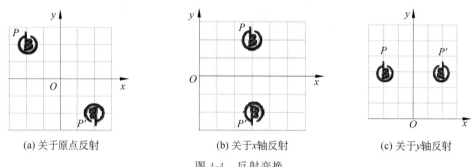

(a) 关于原点反射　　　　　　(b) 关于x轴反射　　　　　　(c) 关于y轴反射

图 4-4　反射变换

关于原点反射的坐标表示为 $\begin{cases} x' = -x \\ y' = -y \end{cases}$。

相应的矩阵表示为

$$\begin{bmatrix} x' \\ y' \end{bmatrix} = \begin{bmatrix} -1 & 0 \\ 0 & -1 \end{bmatrix} \begin{bmatrix} x \\ y \end{bmatrix} \tag{4-4}$$

同理可得，关于 x 轴的二维反射变换矩阵表示为

$$\begin{bmatrix} x' \\ y' \end{bmatrix} = \begin{bmatrix} 1 & 0 \\ 0 & -1 \end{bmatrix} \begin{bmatrix} x \\ y \end{bmatrix} \tag{4-5}$$

同理可得，关于 y 轴的二维反射变换矩阵表示为

$$\begin{bmatrix} x' \\ y' \end{bmatrix} = \begin{bmatrix} -1 & 0 \\ 0 & 1 \end{bmatrix} \begin{bmatrix} x \\ y \end{bmatrix} \tag{4-6}$$

4.1.5 错切变换

错切变换是 P 点沿 x 轴和 y 轴发生不等量的变换，得到 P' 点的过程，如图 4-5 所示。

沿 x、y 方向的错切变换的坐标表示为 $\begin{cases} x' = x + by \\ y' = cx + y \end{cases}$。

相应的矩阵表示为

$$\begin{bmatrix} x' \\ y' \end{bmatrix} = \begin{bmatrix} 1 & b \\ c & 1 \end{bmatrix} \begin{bmatrix} x \\ y \end{bmatrix} \tag{4-7}$$

其中，b、c 为错切参数。令 $c=0$，可以得到沿 x 方向的错切变换，$b=1$ 是沿 x 正向的错切变换，$b=-1$ 是沿 x 负向的错切变换，如图 4-5(b) 和图 4-5(c) 所示。令 $b=0$，可以得到沿

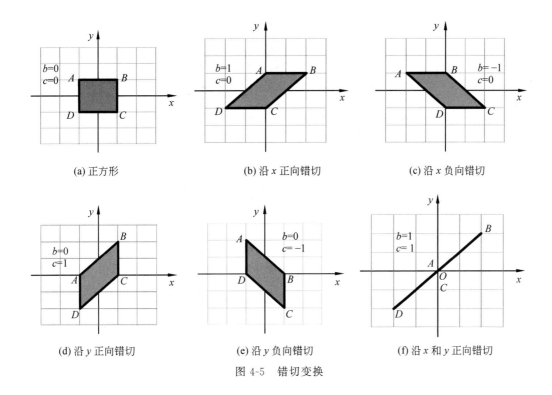

(a) 正方形　　　　　　　　(b) 沿 x 正向错切　　　　　　　(c) 沿 x 负向错切

(d) 沿 y 正向错切　　　　　　(e) 沿 y 负向错切　　　　　　(f) 沿 x 和 y 正向错切

图 4-5　错切变换

y 方向的错切变换，$c=1$ 是沿 y 正向的错切变换，$c=-1$ 是沿 y 负向的错切变换，如图 4-5(d) 和图 4-5(e)所示。如果 $b=1$ 且 $c=1$，则正方形错切为一条与 x 轴成 45°的斜线，如图 4-5 (f)所示。

上面讨论的 5 种变换，给出的都是点变换的公式。二维变换实际上都可以通过点变换来完成。例如直线的变换可以通过对两个顶点坐标进行变换，连接新顶点得到变换后的新直线；多边形的变换可以通过对每个顶点进行变换，连接新顶点得到变换后的新多边形。自由曲线的变换可通过变换控制多边形的控制点后，重新生成曲线来实现。

符合以下形式的坐标变换称为二维仿射变换(affine transformation)。

$$\begin{cases} x' = ax + by + e \\ y' = cx + dy + f \end{cases} \qquad (4\text{-}8)$$

相应的矩阵表示为

$$\begin{bmatrix} x' \\ y' \end{bmatrix} = \begin{bmatrix} a & b \\ c & d \end{bmatrix} \begin{bmatrix} x \\ y \end{bmatrix} + \begin{bmatrix} e \\ f \end{bmatrix} \qquad (4\text{-}9)$$

变换后的坐标 x' 和 y' 都是变换前的坐标 x 和 y 的线性函数。参数 a、b、c、d 是变形系数，e、f 是平移系数。仿射变换具有平行线变换为平行线，有限点映射为有限点的一般特性。平移、比例、旋转、反射和错切 5 种变换都是二维仿射变换的特例，任何一组二维仿射变换总可表示为这 5 种变换的组合。仿射变换具有保持直线平行的特点，但是不保持长度和角度不变。例如，对一个图 4-6(a)所示的正方形先施加 $\beta = -45°$ 旋转变换，然后再施加 $S_x = 2$，$S_y = 1$ 的非均匀比例变换进行缩放后，结果如图 4-6(b)。很显然正方形的角度和长度都会发生变换，但是平行线仍平行。

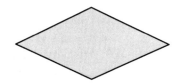

(a) 正方形 (b) 正方形旋转缩放图

图 4-6 仿射变换特点

4.2 基于齐次坐标的二维变换

4.2.1 齐次坐标

式(4-9)中,平移变换用加法处理,而其余变换用乘法处理。更为有效的方法是将二维变换统一表示为一个矩阵,即用一种一致的乘法处理二维变换问题。这需要消除矩阵的加法运算,为此引入了点的齐次坐标。

所谓齐次坐标就是用 $n+1$ 维向量表示 n 维向量。例如,在二维平面中,点 $P(x,y)$ 的齐次坐标表示为 $(X,Y,W)=(w_x,w_y,w)$。因此,$(2,3,1)$、$(4,6,2)$、$(12,18,6)$ 是用不同的齐次坐标三元组表示的同一个二维点 $(2,3)$。类似地,在三维空间中,点 $P(x,y,z)$ 的齐次坐标表示为 $(X,Y,Z,W)=(w_x,w_y,w_z,w)$。这里,$W$ 为任意不为 0 的缩放系数。图 4-7 中,XYW 构成了三维齐次坐标空间,X 坐标代表 w_x,Y 坐标代表 w_y,W 坐标代表 w。(x,y) 点是 (X,Y,W) 点的中心透视投影(投影中心为坐标系原点 O),即 $x=X/W$,$y=Y/W$。为了避免除法,令 $W=1$,称为规范化的齐次坐标。规范化后的三维点 (X,Y,W) 形成一个被等式 $W=1$ 定义的平面,这里 $W\neq0$。二维点 $P(x,y)$ 的规范化齐次坐标为 $(x,y,1)$,三维点 $P(x,y,z)$ 的规范化齐次坐标为 $(x,y,z,1)$。

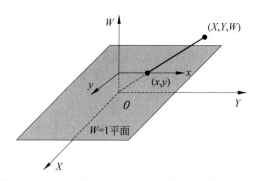

图 4-7 XYW 三维齐次坐标空间向 xy 二维空间投影

齐次坐标的使用是一种数学上的技巧,为的是用矩阵乘法表示平移变换。定义了齐次坐标以后,图形几何变换就可以表示为变换矩阵与图形顶点集合的齐次坐标矩阵相乘的统一形式。

4.2.2 二维变换矩阵

二维点的齐次坐标是三个元素的列向量,那么用齐次坐标表示的二维变换矩阵必须是一个 3×3 的方阵。

$$\boldsymbol{M} = \begin{bmatrix} a & b & e \\ c & d & f \\ p & q & s \end{bmatrix} \qquad (4\text{-}10)$$

从功能上可以把二维变换矩阵 $\boldsymbol{M}$ 分为 4 个子矩阵。其中 $\boldsymbol{M}_0 = \begin{bmatrix} a & b \\ c & d \end{bmatrix}$,对图形进行比例、旋转、反射和错切变换;$\boldsymbol{M}_1 = \begin{bmatrix} e \\ f \end{bmatrix}$,对图形进行平移变换;$\boldsymbol{M}_2 = [p \quad q]$,对图形进行投影变换,对于二维变换,取 $p=0, q=0$;$\boldsymbol{M}_3 = [s]$,对图形进行整体比例变换。

4.2.3 物体变换与坐标变换

同一种变换既可以看作物体变换,也可以看作坐标变换。物体变换是使用同一变换矩阵作用于物体上的所有顶点,但定义物体的坐标系位置不发生改变。坐标变换是指物体位置不发生改变,但定义物体的坐标系发生改变,然后在新坐标系下表示物体的所有点坐标。坐标变换常用于将建模坐标系中定义的物体导入世界坐标系中。这两种变换形式等价,只是变换矩阵略有差异而已。以下主要介绍物体变换。

4.2.4 二维变换形式

齐次坐标表示的点为 3 个元素的列向量。n 个顶点表示为 $3 \times n$ 的矩阵。设变换前图形顶点集合的规范化齐次坐标矩阵为 $\boldsymbol{P} = \begin{bmatrix} x_0 & x_1 & \cdots & x_{n-1} \\ y_0 & y_1 & \cdots & y_{n-1} \\ 1 & 1 & \cdots & 1 \end{bmatrix}$,变换后图形顶点集合的规范化齐次坐标矩阵为 $\boldsymbol{P}' = \begin{bmatrix} x_1' & x_2' & \cdots & x_n' \\ y_1' & y_2' & \cdots & y_n' \\ 1 & 1 & \cdots & 1 \end{bmatrix}$,二维变换矩阵为 $\boldsymbol{M} = \begin{bmatrix} a & b & e \\ c & d & f \\ p & q & s \end{bmatrix}$。则二维变换公式为 $\boldsymbol{P}' = \boldsymbol{M} \cdot \boldsymbol{P}$,可以写成

$$\begin{bmatrix} x_0' & x_1' & \cdots & x_{n-1}' \\ y_0' & y_1' & \cdots & y_{n-1}' \\ 1 & 1 & \cdots & 1 \end{bmatrix} = \begin{bmatrix} a & b & e \\ c & d & f \\ p & q & s \end{bmatrix} \begin{bmatrix} x_0 & x_1 & \cdots & x_{n-1} \\ y_0 & y_1 & \cdots & y_{n-1} \\ 1 & 1 & \cdots & 1 \end{bmatrix} \qquad (4\text{-}11)$$

以图 4-8 所示的三角形绕坐标系原点顺时针方向旋转 $90°$ 为例,说明二维旋转的方法:

(1) 使用直线段连接三角形顶点,绘制变换前的三角形。

(2) 使用变换矩阵乘以变换前三角形顶点的规范化齐次坐标矩阵,得到变换后三角形顶点的规范化齐次坐标矩阵。

(3) 连接变换后的三角形顶点,绘制出变换后的新三角形图形。

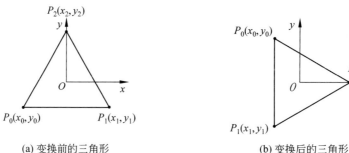

(a) 变换前的三角形　　　　　　　　　　(b) 变换后的三角形

图 4-8　等边三角形的二维变换

4.2.5　二维基本变换

二维基本变换是指相对于坐标系原点或坐标轴进行的几何变换。这里基于齐次坐标给出二维变换矩阵。

1. 平移变换

平移变换表示为

$$\begin{bmatrix} x' \\ y' \\ 1 \end{bmatrix} = \begin{bmatrix} x + T_x \\ y + T_y \\ 1 \end{bmatrix} = \begin{bmatrix} 1 & 0 & T_x \\ 0 & 1 & T_y \\ 0 & 0 & 1 \end{bmatrix} \begin{bmatrix} x \\ y \\ 1 \end{bmatrix}$$

因此,二维平移变换矩阵

$$\boldsymbol{M} = \begin{bmatrix} 1 & 0 & T_x \\ 0 & 1 & T_y \\ 0 & 0 & 1 \end{bmatrix} \tag{4-12}$$

2. 比例变换

比例变换表示为

$$\begin{bmatrix} x' \\ y' \\ 1 \end{bmatrix} = \begin{bmatrix} x \times S_x \\ y \times S_y \\ 1 \end{bmatrix} = \begin{bmatrix} S_x & 0 & 0 \\ 0 & S_y & 0 \\ 0 & 0 & 1 \end{bmatrix} \begin{bmatrix} x \\ y \\ 1 \end{bmatrix}$$

因此,二维比例变换矩阵

$$\boldsymbol{M} = \begin{bmatrix} S_x & 0 & 0 \\ 0 & S_y & 0 \\ 0 & 0 & 1 \end{bmatrix} \tag{4-13}$$

3. 旋转变换

旋转变换表示为

$$\begin{bmatrix} x' \\ y' \\ 1 \end{bmatrix} = \begin{bmatrix} x\cos\beta - y\sin\beta \\ x\sin\beta + y\cos\beta \\ 1 \end{bmatrix} = \begin{bmatrix} \cos\beta & -\sin\beta & 0 \\ \sin\beta & \cos\beta & 0 \\ 0 & 0 & 1 \end{bmatrix} \begin{bmatrix} x \\ y \\ 1 \end{bmatrix}$$

因此,二维旋转变换矩阵

$$M = \begin{bmatrix} \cos\beta & -\sin\beta & 0 \\ \sin\beta & \cos\beta & 0 \\ 0 & 0 & 1 \end{bmatrix} \tag{4-14}$$

式(4-14)为绕原点逆时针方向旋转的变换矩阵,若旋转方向为顺时针,β 角取为负值。绕原点顺时针方向旋转的变换矩阵为

$$M = \begin{bmatrix} \cos(-\beta) & -\sin(-\beta) & 0 \\ \sin(-\beta) & \cos(-\beta) & 0 \\ 0 & 0 & 1 \end{bmatrix} = \begin{bmatrix} \cos\beta & \sin\beta & 0 \\ -\sin\beta & \cos\beta & 0 \\ 0 & 0 & 1 \end{bmatrix} \tag{4-15}$$

4. 反射变换

关于原点的反射表示为

$$\begin{bmatrix} x' \\ y' \\ 1 \end{bmatrix} = \begin{bmatrix} -x \\ -y \\ 1 \end{bmatrix} = \begin{bmatrix} -1 & 0 & 0 \\ 0 & -1 & 0 \\ 0 & 0 & 1 \end{bmatrix} \begin{bmatrix} x \\ y \\ 1 \end{bmatrix}$$

因此,关于原点的二维反射变换矩阵为

$$M = \begin{bmatrix} -1 & 0 & 0 \\ 0 & -1 & 0 \\ 0 & 0 & 1 \end{bmatrix} \tag{4-16}$$

同理可得,关于 x 轴的二维反射变换矩阵为

$$M = \begin{bmatrix} 1 & 0 & 0 \\ 0 & -1 & 0 \\ 0 & 0 & 1 \end{bmatrix} \tag{4-17}$$

同理可得,关于 y 轴的二维反射变换矩阵为

$$M = \begin{bmatrix} -1 & 0 & 0 \\ 0 & 1 & 0 \\ 0 & 0 & 1 \end{bmatrix} \tag{4-18}$$

5. 错切变换

沿 x,y 方向的错切表示为

$$\begin{bmatrix} x' \\ y' \\ 1 \end{bmatrix} = \begin{bmatrix} x + by \\ cx + y \\ 1 \end{bmatrix} = \begin{bmatrix} 1 & b & 0 \\ c & 1 & 0 \\ 0 & 0 & 1 \end{bmatrix} \begin{bmatrix} x \\ y \\ 1 \end{bmatrix}$$

因此,沿 x,y 两个方向的二维错切变换矩阵为

$$M = \begin{bmatrix} 1 & b & 0 \\ c & 1 & 0 \\ 0 & 0 & 1 \end{bmatrix} \tag{4-19}$$

其中,b、c 为错切参数。

算法 15:二维几何变换算法

4.3 二维复合变换

4.3.1 复合变换原理

复合变换是指图形做了一次以上的基本变换,复合变换矩阵是基本变换矩阵的组合形式。

假设有两个二维基本变换 $T_1()$ 和 $T_2()$,T_1 将 P 点变换到 Q 点,T_2 将 Q 点变换到 P' 点。变换 $T_1()$ 的矩阵表示为 M_1,变换 $T_2()$ 的矩阵表示为 M_2。假设,将 P 点变换为 P' 点的复合变换为 $T()$,复合变换矩阵为 M。二维复合变换可以分步实施:

第 1 步:P 点变换到 Q 点,二维变换表示为 $Q = M_1 \cdot P$。

第 2 步:Q 点变换到 P' 点,二维变换表示为 $P' = M_2 \cdot Q = M_2 \cdot M_1 \cdot P$。

由复合变换定义有,$P' = M \cdot P$,则复合变换矩阵为 $M = M_2 \cdot M_1$。

对于由单一的二维基本变换 $M_1, M_2, \cdots, M_n$ 组成的复合变换,复合变换矩阵为

$$M = M_n \cdot M_{n-1} \cdot \cdots \cdot M_2 \cdot M_1 \tag{4-20}$$

复合变换矩阵是单一基本变换矩阵的乘积,可以分步实施。当使用齐次坐标时,二维复合变换仅通过一个简单的矩阵乘法就可以实现。对于用列向量表示的顶点矩阵,二维基本变换矩阵的排列顺序与变换的操作顺序相反。

注意:进行复合变换时,需要注意矩阵相乘的顺序。由于矩阵乘法不满足交换律,因此通常 $M_1 \cdot M_2 \neq M_2 \cdot M_1$。在复合变换中,矩阵相乘的顺序不可交换。通常先计算出 $M = M_n \cdot M_{n-1} \cdot \cdots \cdot M_2 \cdot M_1$,再计算 $P' = M \cdot P$。

4.3.2 相对于任意一个参考点的二维变换

前面已经定义,二维基本变换是相对于坐标系原点进行的平移、比例、旋转、反射和错切这 5 种变换,但在实际应用中常会遇到参考点不在坐标系原点的情况,而比例变换和旋转变换是与参考点相关的。相对于任意参考点的比例变换和旋转变换应表达为复合变换形式,变换方法:首先将参考点平移到坐标系原点,对坐标系原点进行比例变换或旋转变换,然后再进行反平移,将参考点平移回原位置。

例 4-1 一个由顶点 $P_0(10,10)$、$P_1(30,10)$ 和 $P_2(20,25)$ 所定义的三角形,如图 4-9 所示,相对于点 $Q(10,25)$ 逆时针方向旋转 $30°$,计算变换后的三角形顶点坐标。

(1) 将 Q 点平移至坐标系原点 O,如图 4-10 所示。

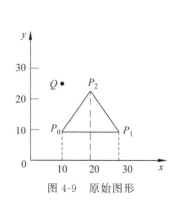

图 4-9 原始图形

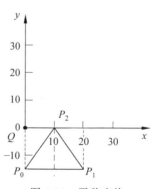

图 4-10 平移变换

变换矩阵为

$$\boldsymbol{M}_1 = \begin{bmatrix} 1 & 0 & -10 \\ 0 & 1 & -25 \\ 0 & 0 & 1 \end{bmatrix}$$

（2）三角形相对于坐标系原点 O 逆时针方向旋转 $30°$，如图 4-11 所示。

变换矩阵为

$$\boldsymbol{M}_2 = \begin{bmatrix} \cos\left(\dfrac{\pi}{6}\right) & -\sin\left(\dfrac{\pi}{6}\right) & 0 \\ \sin\left(\dfrac{\pi}{6}\right) & \cos\left(\dfrac{\pi}{6}\right) & 0 \\ 0 & 0 & 1 \end{bmatrix} = \begin{bmatrix} \dfrac{\sqrt{3}}{2} & -\dfrac{1}{2} & 0 \\ \dfrac{1}{2} & \dfrac{\sqrt{3}}{2} & 0 \\ 0 & 0 & 1 \end{bmatrix}$$

（3）将参考点 Q 平移回原位置，如图 4-12 所示。

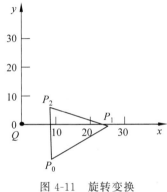

图 4-11　旋转变换

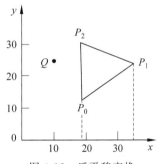

图 4-12　反平移变换

变换矩阵为

$$\boldsymbol{M}_3 = \begin{bmatrix} 1 & 0 & 10 \\ 0 & 1 & 25 \\ 0 & 0 & 1 \end{bmatrix}$$

三角形变换后的顶点矩阵等于二维复合变换矩阵乘以变换前的顶点矩阵。
$\boldsymbol{P}' = \boldsymbol{M} \cdot \boldsymbol{P}$，而 $\boldsymbol{M} = \boldsymbol{M}_3 \cdot \boldsymbol{M}_2 \cdot \boldsymbol{M}_1$，所以

$$\begin{bmatrix} x_0 & x_1 & x_2 \\ y_0 & y_1 & y_2 \\ 1 & 1 & 1 \end{bmatrix} = \begin{bmatrix} 1 & 0 & 10 \\ 0 & 1 & 25 \\ 0 & 0 & 1 \end{bmatrix} \begin{bmatrix} \dfrac{\sqrt{3}}{2} & -\dfrac{1}{2} & 0 \\ \dfrac{1}{2} & \dfrac{\sqrt{3}}{2} & 0 \\ 0 & 0 & 1 \end{bmatrix} \begin{bmatrix} 1 & 0 & -10 \\ 0 & 1 & -25 \\ 0 & 0 & 1 \end{bmatrix} \begin{bmatrix} 10 & 30 & 20 \\ 10 & 10 & 25 \\ 1 & 1 & 1 \end{bmatrix}$$

$$= \begin{bmatrix} 17.5 & 34.82 & 18.66 \\ 12.01 & 22.01 & 30 \\ 1 & 1 & 1 \end{bmatrix}$$

这样，经过二维变换后，三角形顶点坐标为 $P'_0(17.5, 12.01)$，$P'_1(34.82, 22.01)$ 和

$P'_2(18.66,30)$。

例 4-2 已知正方形的顶点坐标为 $P_0(10,10)$、$P_1(20,10)$、$P_2(20,20)$、$P_3(10,20)$，如图 4-13 所示。完成以下操作：正方形相对于坐标系原点 O 整体放大 2 倍；正方形相对于正方形中心点 C 整体放大 2 倍。试分别给出变换后的正方形的顶点坐标。

(1) 正方形相对于坐标系原点整体放大 2 倍。

变换矩阵为

$$\boldsymbol{M} = \begin{bmatrix} 2 & 0 & 0 \\ 0 & 2 & 0 \\ 0 & 0 & 1 \end{bmatrix}$$

变换后的顶点为

$$\begin{bmatrix} x'_0 & x'_1 & x'_2 & x'_3 \\ y'_0 & y'_1 & y'_2 & y'_3 \\ 1 & 1 & 1 & 1 \end{bmatrix} = \begin{bmatrix} 2 & 0 & 0 \\ 0 & 2 & 0 \\ 0 & 0 & 1 \end{bmatrix} \begin{bmatrix} 10 & 20 & 20 & 10 \\ 10 & 10 & 20 & 20 \\ 1 & 1 & 1 & 1 \end{bmatrix} = \begin{bmatrix} 20 & 40 & 40 & 20 \\ 20 & 20 & 40 & 40 \\ 1 & 1 & 1 & 1 \end{bmatrix}$$

变换后正方形的顶点为 $P'_0(20,20)$、$P'_1(40,20)$、$P'_2(40,40)$、$P'_3(20,40)$，如图 4-14 所示。

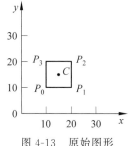

图 4-13 原始图形

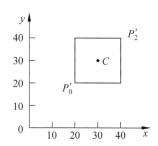

图 4-14 相对于坐标系原点的比例变换

(2) 正方形相对于正方形中心 C 点整体放大 2 倍。

由图 4-13 可以计算出正方形的中心坐标为 $C(15,15)$。相对于正方形中心的比例变换是复合变换。

首先，将中心点 $C(15,15)$ 平移到坐标系原点 O。变换矩阵为

$$\boldsymbol{M}_1 = \begin{bmatrix} 1 & 0 & -15 \\ 0 & 1 & -15 \\ 0 & 0 & 1 \end{bmatrix}$$

其次，正方形相对于坐标系原点 O 整体放大 2 倍。变换矩阵为

$$\boldsymbol{M}_2 = \begin{bmatrix} 2 & 0 & 0 \\ 0 & 2 & 0 \\ 0 & 0 & 1 \end{bmatrix}$$

最后，将正方形中心点平移回 $C(15,15)$。变换矩阵为

$$\boldsymbol{M}_3 = \begin{bmatrix} 1 & 0 & 15 \\ 0 & 1 & 15 \\ 0 & 0 & 1 \end{bmatrix}$$

变换后的顶点为

$$\begin{bmatrix} x'_0 & x'_1 & x'_2 & x'_3 \\ y'_0 & y'_1 & y'_2 & y'_3 \\ 1 & 1 & 1 & 1 \end{bmatrix} = \begin{bmatrix} 1 & 0 & 15 \\ 0 & 1 & 15 \\ 0 & 0 & 1 \end{bmatrix} \begin{bmatrix} 2 & 0 & 0 \\ 0 & 2 & 0 \\ 0 & 0 & 1 \end{bmatrix} \begin{bmatrix} 1 & 0 & -15 \\ 0 & 1 & -15 \\ 0 & 0 & 1 \end{bmatrix} \begin{bmatrix} 10 & 20 & 20 & 10 \\ 10 & 10 & 20 & 20 \\ 1 & 1 & 1 & 1 \end{bmatrix}$$

$$= \begin{bmatrix} 5 & 25 & 25 & 5 \\ 5 & 5 & 25 & 25 \\ 1 & 1 & 1 & 1 \end{bmatrix}$$

这样相对于正方形中心整体放大后,正方形的顶点坐标为 $P'_0(5,5)$、$P'_1(25,5)$、$P'_2(25,25)$、$P'_3(5,25)$,如图 4-15 所示。对比图 4-14 与图 4-15 可见,比例变换是一种与参考点相关的几何变换。

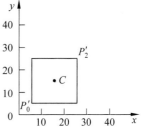

图 4-15 相对于正方形中心的比例变换

4.3.3 相对于任意一个参考方向的二维变换

二维基本反射变换是相对于坐标轴进行的变换。在实际应用中常会遇到变换方向不与坐标轴重合的情况。变换方法为,由首先对"任意方向"做旋转变换,再使该方向与坐标轴重合,然后对坐标轴进行反射变换,最后做反向旋转变换,将"任意方向"还原回原来的方向。

例 4-3 将图 4-16 所示三角形相对于轴线 $y=kx+b$ 进行反射变换,计算每一步的变换矩阵。

(1) 将点 $(0,b)$ 平移至坐标原点,如图 4-17 所示。

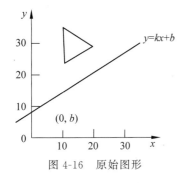

图 4-16 原始图形

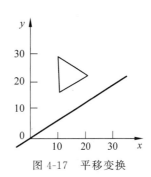

图 4-17 平移变换

变换矩阵为

$$M_1 = \begin{bmatrix} 1 & 0 & 0 \\ 0 & 1 & -b \\ 0 & 0 & 1 \end{bmatrix}$$

(2) 将轴线 $y=kx$ 绕坐标系原点顺时针旋转角度为 $\beta(\beta=\arctan k)$,落于 x 轴上,如图 4-18 所示。

变换矩阵为

$$M_2 = \begin{bmatrix} \cos\beta & \sin\beta & 0 \\ -\sin\beta & \cos\beta & 0 \\ 0 & 0 & 1 \end{bmatrix}$$

（3）三角形相对 x 轴做反射变换，如图 4-19 所示。

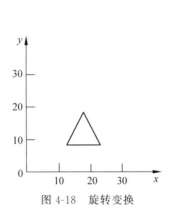

图 4-18　旋转变换

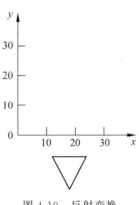

图 4-19　反射变换

变换矩阵为

$$\boldsymbol{M}_3 = \begin{bmatrix} 1 & 0 & 0 \\ 0 & -1 & 0 \\ 0 & 0 & 1 \end{bmatrix}$$

（4）将轴线 $y = kx$ 逆时针旋转角度为 $\beta(\beta = \arctan k)$，如图 4-20 所示。
变换矩阵为

$$\boldsymbol{M}_4 = \begin{bmatrix} \cos\beta & -\sin\beta & 0 \\ \sin\beta & \cos\beta & 0 \\ 0 & 0 & 1 \end{bmatrix}$$

（5）将轴线平移回原来的位置，如图 4-21 所示。

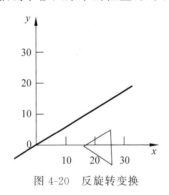

图 4-20　反旋转变换

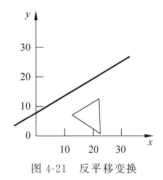

图 4-21　反平移变换

变换矩阵为

$$\boldsymbol{M}_5 = \begin{bmatrix} 1 & 0 & 0 \\ 0 & 1 & b \\ 0 & 0 & 1 \end{bmatrix}$$

将这 5 步组合在一起，即表示三角形相对于轴线 $y = kx + b$ 做反射变换，二维复合变换矩阵为

$$\boldsymbol{M} = \boldsymbol{M}_5 \cdot \boldsymbol{M}_4 \cdot \boldsymbol{M}_3 \cdot \boldsymbol{M}_2 \cdot \boldsymbol{M}_1$$

4.4 图形学中常用的坐标系

计算机图形学中常用的坐标系有世界坐标系、建模坐标系、观察坐标系、屏幕坐标系、设备坐标系和规格化设备坐标系等。

1. 世界坐标系

描述虚拟场景的固定坐标系称为世界坐标系(world coordinate system,WCS)。世界坐标系是一个特殊的坐标系,它建立了描述其他坐标系所需要的参考框架。世界坐标系也称为全局坐标系(global coordinate system,GCS),是实数域直角坐标系。图 4-22 所示为常用的二维直角坐标系。三维世界坐标系可分为右手坐标系(right-handed coordinate system,RHS)与左手坐标系(left-handed coordinate system,LHS)两种,如图 4-23 所示,z_w 轴的指向按照右手螺旋法则或左手螺旋法则从 x_w 轴转向 y_w 轴确定。右手坐标系是最常用的坐标系,原点可选择放置于窗口客户区中心,x_w 轴水平向右为正向,y_w 轴垂直向上为正向,z_w 轴垂直于屏幕向外指向观察者。

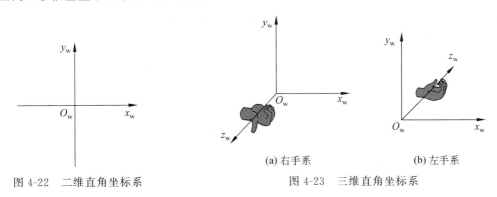

图 4-22 二维直角坐标系

(a) 右手系   (b) 左手系

图 4-23 三维直角坐标系

2. 建模坐标系

描述物体几何模型的坐标系称为建模坐标系(modeling coordinate system,MCS)或物体坐标系(object coordinate system,OCS),有时也相对于全局坐标系而称为局部坐标系(local coordinate system,LCS)。每个物体建模时都有自己独立的坐标系。当物体移动或改变方向时,与该物体相关联的坐标系将随之移动或改变方向。建模坐标系也是实数域坐标系,建模坐标系的原点可以放在物体的任意位置上。例如,对于立方体,可以将建模坐标系原点放在立方体的一个角点上;对于圆柱,可以将建模坐标系原点放在底面中心,将定义高度的 y 轴作为旋转轴,如图 4-24 所示。

3. 观察坐标系

观察坐标系(viewing coordinate system,VCS)是在世界坐标系中定义的直角坐标系。由于视点可以看作眼睛,所以三维观察坐标系也称为眼睛坐标系。二维观察坐标系主要用于指定图形的输出范围,如图 4-25 所示。三维观察坐标系是左手系,原点位于视点 O_v,x_v 轴向右,y_v 轴向上,z_v 轴垂直于屏幕且正向为视线方向,如图 4-26 所示。

4. 屏幕坐标系

屏幕坐标系(screen coordinate system,SCS)为整数域二维直角坐标系,如图 4-27(a)所

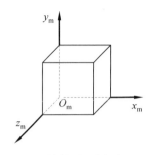
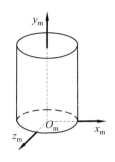

(a) 原点位于一个角点　　　　　(b) 原点位于底面中心

图 4-24　建模坐标系

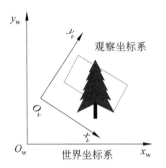

图 4-25　二维观察坐标系

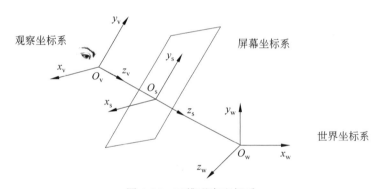

图 4-26　三维观察坐标系

示,原点位于屏幕中心,x_s 轴水平向右为正向,y_s 轴垂直向上为正向。在三维真实感场景中,为了反映物体的深度信息,常采用 z_s 为实数的三维屏幕坐标系。三维屏幕坐标系是左手系,原点位于屏幕中心,z_s 轴方向沿着视线方向,y_s 轴垂直向上为正向,x_s 轴与 y_s 轴和 z_s 轴成左手系,如图 4-27(b)所示。

5. 设备坐标系

　　显示器等图形输出设备自身都带有一个二维直角坐标系称为设备坐标系(device coordinate system,DCS)。设备坐标系是整数域二维坐标系,如图 4-28 所示,原点位于窗口客户区左上角,x 轴水平向右为正向,y 轴垂直向下为正向,基本单位为像素。规格化到 $[0,0]\sim[1,1]$ 范围内的设备坐标系称为规格化设备坐标系(normalized device coordinate system,NDCS),如图 4-29 所示。

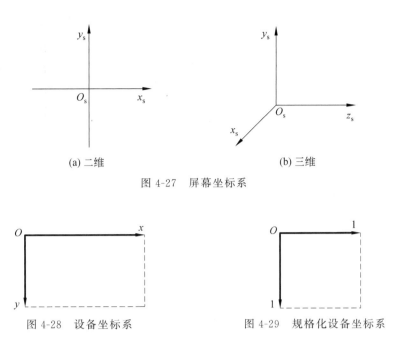

(a) 二维   (b) 三维

图 4-27　屏幕坐标系

图 4-28　设备坐标系　　　　　　　图 4-29　规格化设备坐标系

规格化设备坐标系独立于具体输出设备。一旦图形变换到规格化设备坐标系中,只要作一个简单的乘法运算即可映射到具体的设备坐标系中。由于规格化设备坐标系能统一用户各种图形的显示范围,故把用户图形变换成规格化设备坐标系中的统一大小标准图形的过程叫作图形的逻辑输出。把规格化设备坐标系中的标准图形送到显示设备上输出的过程叫作图形的物理输出。有了规格化设备坐标系后,图形的输出可以在抽象的显示设备上进行讨论,因而这种图形学又称为与设备无关的图形学。

4.5　窗视变换

4.5.1　窗口与视区

在世界坐标系中定义的确定显示内容的矩形区域称为窗口。显然,此时窗口内的图形是用户希望在屏幕上输出的,窗口是裁剪图形的标准参照物。在屏幕坐标系中定义的输出图形的矩形区域称为视区。视区和窗口的大小可以相同也可以不同。如果窗口与视区高度和宽度比不同,就会发生非均匀比例变换。一般情况下,用户把窗口内感兴趣的图形输出到屏幕上相应的视区内。在屏幕上可以定义多个视区,用来同时显示不同的窗口内的图形信息,图 4-30 使用 4 个视区分别输出"房屋"的立体图及其三视图。

图形输出需要完成从窗口到视区的变换,只有位于窗口内的图形才能在视区中输出,并且输出的形状要根据视区的大小进行适当调整,这称为窗视变换(window to viewport transformation)。在二维图形观察中,可以这样理解,窗口相当于一扇窗户,窗口内的图形是希望看到的,才输出到视区;窗口外的图形不希望看到,不在视区中输出,因此需要使用窗口对输出的二维图形进行裁剪。

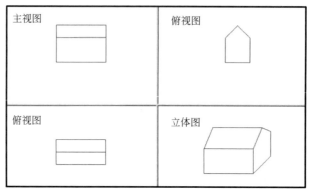

图 4-30　多视区输出

4.5.2　窗视变换矩阵

世界坐标系中窗口的边界定义和屏幕坐标系中视区的边界定义如图 4-31 所示。假定把窗口内的一点 $P(x_w, y_w)$ 变换为视区中的一点 $P'(x_v, y_v)$。这属于相对于任意一个参考点的二维几何变换,变换步骤如图 4-32 所示。

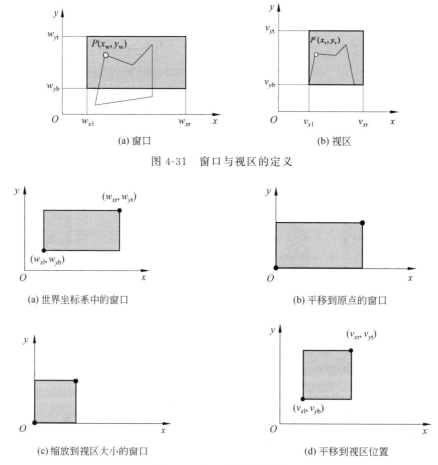

(a) 窗口　　　　　　　　　　　　　(b) 视区

图 4-31　窗口与视区的定义

(a) 世界坐标系中的窗口　　　　　　　(b) 平移到原点的窗口

(c) 缩放到视区大小的窗口　　　　　　(d) 平移到视区位置

图 4-32　窗口与视区的定义

（1）将窗口左下角点(w_{xl}, w_{yb})平移到观察坐标系原点。

$$\boldsymbol{M}_1 = \begin{bmatrix} 1 & 0 & -w_{xl} \\ 0 & 1 & -w_{yb} \\ 0 & 0 & 1 \end{bmatrix}$$

（2）对原点进行比例变换，使窗口的大小与视区大小相等，将窗口比例变换为视区。

$$\boldsymbol{M}_2 = \begin{bmatrix} S_x & 0 & 0 \\ 0 & S_y & 0 \\ 0 & 0 & 1 \end{bmatrix}$$

其中

$$S_x = \frac{v_{xr} - v_{xl}}{w_{xr} - w_{xl}}, \quad S_y = \frac{v_{yt} - v_{yb}}{w_{yt} - w_{yb}}$$

（3）进行反平移，将视区的左下角点平移到屏幕坐标系的(v_{xl}, v_{yb})点。

$$\boldsymbol{M}_3 = \begin{bmatrix} 1 & 0 & v_{xl} \\ 0 & 1 & v_{yb} \\ 0 & 0 & 1 \end{bmatrix}$$

因此，窗视变换矩阵

$$\boldsymbol{M} = \boldsymbol{M}_3 \cdot \boldsymbol{M}_2 \cdot \boldsymbol{M}_1 = \begin{bmatrix} 1 & 0 & v_{xl} \\ 0 & 1 & v_{yb} \\ 0 & 0 & 1 \end{bmatrix} \begin{bmatrix} S_x & 0 & 0 \\ 0 & S_y & 0 \\ 0 & 0 & 1 \end{bmatrix} \begin{bmatrix} 1 & 0 & -w_{xl} \\ 0 & 1 & -w_{yb} \\ 0 & 0 & 1 \end{bmatrix}$$

代入，S_x和S_y的值，窗视变换矩阵

$$\boldsymbol{M} = \begin{bmatrix} s_x & 0 & v_{xl} - w_{xl}s_x \\ 0 & s_y & v_{yb} - w_{yb}s_y \\ 0 & 0 & 1 \end{bmatrix} \tag{4-21}$$

窗视变换公式为

$$\begin{bmatrix} x_v \\ y_v \\ 1 \end{bmatrix} = \begin{bmatrix} S_x & 0 & v_{xl} - w_{xl}S_x \\ 0 & S_y & v_{yb} - w_{yb}S_y \\ 0 & 0 & 1 \end{bmatrix} \begin{bmatrix} x_w \\ y_w \\ 1 \end{bmatrix} \tag{4-22}$$

写成方程为

$$\begin{cases} x_v = S_x x_w + v_{xl} - w_{xl}S_x \\ y_v = S_y y_w + v_{yb} - w_{yb}S_y \end{cases}$$

令

$$\begin{cases} a = S_x = \dfrac{v_{xr} - v_{xl}}{w_{xr} - w_{xl}} \\ b = v_{xl} - w_{xl}a \\ c = S_y = \dfrac{v_{yt} - v_{yb}}{w_{yt} - w_{yb}} \\ d = v_{yb} - w_{yb}c \end{cases} \tag{4-23}$$

则窗视变换的展开式为

$$\begin{cases} x_v = ax_w + b \\ y_v = cy_w + d \end{cases} \tag{4-24}$$

4.6 裁　　剪

裁剪是从数据集合中抽取所需信息的过程。裁剪最典型的用途是在场景中裁剪出位于给定区域之内的部分,这一区域称为裁剪窗口。在以下介绍的裁剪算法中,除特殊说明外,均假设裁剪窗口是标准矩形。裁剪窗口由左($x=w_{xl}$)、右($x=w_{xr}$)、上($y=w_{yt}$)、下($y=w_{yb}$)4 条边界描述,如图 4-33 所示。其中,w 表示 window,l 表示 left,r 表示 right,b 表示 bottom,t 表示 top。

4.6.1　点的裁剪

在讨论直线段裁剪之前,先看一下简单的点裁剪问题。对于任意一点 $P(x,y)$,若满足下列不等式:

$$w_{xl} \leqslant x \leqslant w_{xr} \quad 且 \quad w_{yb} \leqslant y \leqslant w_{yt}$$

则 P 点位于窗口之内;否则,P 点位于窗口之外。式中的等号表示窗口边界上的点被认为属于窗口可见区域。

4.6.2　二维线段裁剪

在二维观察中,需要在观察坐标系下根据窗口大小对二维图形进行裁剪,只将位于窗口内的图形变换到视区输出。复杂的图形由多条直线段组成,直线段裁剪是二维裁剪的基础。裁剪一段直线,只考虑它的端点,而不关心它内部的无穷点。裁剪的实质是判断直线段是否与窗口相交,如相交则进一步确定直线段上位于窗口内的部分。

直线段与裁剪窗口的关系有 3 个情况:直线段完全位于窗口之内,如图 4-34 中的线段 ab 所示;直线段完全位于窗口之外,如图 4-34 中的线段 cd 和 ij 所示;直线段与窗口边界相交,如图 4-34 中的线段 ef 和 gh 所示。在多数情形下,绝大多数直线要么完全位于窗口之内,要么完全位于窗口之外。只对于少数与窗口相交的直线段,需要使用直线段裁剪算法确定位于窗口内的部分。直线段裁剪常用的算法有 Cohen-Sutherland 算法、中点分割算法和 Liang-Barsky 算法 3 种。

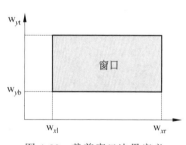

图 4-33　裁剪窗口边界定义

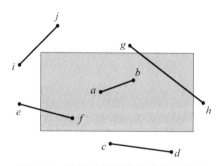

图 4-34　直线与裁剪窗口的位置关系

4.7 Cohen-Sutherland 算法

Cohen-Sutherland 算法是最早流行的直线裁剪算法，由 Danny Cohen 和 Ivan Sutherland 在 1967 年研制飞行模拟器时提出。该算法通过初始测试来减少要计算的交点数目，从而加快直线裁剪速度。如果一段直线的两个端点都位于窗口内，那么该段直线就完全位于窗口之内，应"简取"（trivial accept）。如果一段直线的两个端点位于窗口的同一侧，那么该段直线就完全位于窗口之外，应"简弃"（trivial reject）。若不能将直线段"简取"或"简弃"，就用一条窗口边界将直线段分为两部分，窗口外的部分可以"简弃"。循环地用窗口的 4 条边界对直线段进行裁剪并检测是否"简取"或者"简弃"，直到剩余部分完全位于窗口之内或完全位于窗口之外。在检测窗口边界与直线段的交点时，窗口边界的次序可以是任意的，但在整个算法中，这个次序应保持一致。这里按照固定顺序左（$x = w_{xl}$）、右（$x = w_{xr}$）、下（$y = w_{yb}$）、上（$y = w_{yt}$）求解窗口边界与直线段的交点。

4.7.1 编码原理

裁剪窗口有 4 条边界，每条边界将裁剪平面划分为两个区域：可见侧（visible side）与不可见侧（invisible side）。每条边界可以使用 1 位二进制码来标识，置成 1（真）或 0"假"。C_0 标识窗口左边界，C_1 标识窗口右边界，C_2 标识窗口下边界，C_3 标识窗口上边界，如图 4-35 所示。显然，窗口位于所有边界的公共可见侧。

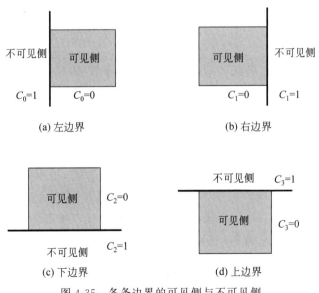

图 4-35　各条边界的可见侧与不可见侧

延长窗口的 4 条边界形成 9 个区域，如图 4-36 所示，为每个区域分配一组 4 位的二进制编码，称为区域编码（region code，RC），用来标识直线端点相对于窗口边界及其延长线的位置。这样，根据直线的任意一个端点 $P(x, y)$ 所处的位置，可以赋予一组 4 位二进制区域码 $RC = C_3C_2C_1C_0$。从右到左 C_0、C_1、C_2、C_3 依次代表左、右、下、上边界。

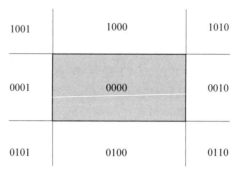

1001	1000	1010
0001	0000	0010
0101	0100	0110

图 4-36　区域编码

为了保证窗口内及窗口边界上的编码为 0,区域码编码规则如下:

第 1 位 C_0:若位于窗口之左侧,即 $x<w_{xl}$,则 $C_0=1$,否则 $C_0=0$。

第 2 位 C_1:若位于窗口之右侧,即 $x>w_{xr}$,则 $C_1=1$,否则 $C_1=0$。

第 3 位 C_2:若位于窗口之下侧,即 $y<w_{yb}$,则 $C_2=1$,否则 $C_2=0$。

第 4 位 C_3:若位于窗口之上侧,即 $y>w_{yt}$,则 $C_3=1$,否则 $C_3=0$。

4.7.2　裁剪步骤

(1) 若直线段的两端点的区域编码都为 0,即 $RC_0|RC_1=0$(二者按位相或的结果为 0,即 $RC_0=0$ 且 $RC_1=0$),说明直线段的两端点都位于窗口之内,应"简取"之。

(2) 若直线段的两端点的区域编码都不为 0,即 $RC_0\&RC_1\neq0$(二者按位相与的结果不为 0,即 $RC_0\neq0$ 且 $RC_1\neq0$),即直线段位于窗外的同一侧,说明直线段的两端点都在窗口外,应"简弃"之。

(3) 若直线段既不满足"简取"也不满足"简弃"的条件,则需要与窗口进行"求交"运算,以决定哪部分可见。本算法的关键之处在于始终保持直线段的一个端点位于窗口之外,称作外部点。这样,外部点至交点之间的直线段必然不可见,可以直接抛弃。

直线段与窗口边界进行"求交"运算,分两种情况处理。一种情况是直线段与窗口边界相交,如图 4-37(a)所示直线段 P_0P_1。此时 P_0 点的编码为 $RC_0=0010\neq0$,P_1 点的编码为 $RC_1=0100\neq0$,但 $RC_0\&RC_1=0$。直线段 P_0P_1 不能"简取",也不能"简弃"。遂按左右下上顺序,求解窗口边界与直线段的交点。P_0 点与 P_1 点都位于窗口外,按顺序先处理 P_0 点。右边界与 P_0P_1 的交点为 P,直线段 P_0P 位于窗口右边界之外,直接用 P_0 取代 P,如图 4-37(b)所示,右边界裁剪结束。由于 P_0 点位于窗口右边界上,编码 $RC_0=0$。交换 P_0P_1 点的坐标及其编码,使 P_0 点总处于窗口之外,成为外部点,如图 4-37(c)所示。下边界与 P_0P_1 的交点为 P。P_0P 直线段位于窗口下边界之外,直接用 P_0 取代 P,如图 4-37(d)所示。此时,直线段 P_0P_1 的两端点全部落在边界上,编码都为 0。直线段完全可见,应"简取"之。

另一种情况是直线段与窗口边界的延长线相交,直线段完全位于窗口之外,且不在窗口同一侧,如图 4-38(a)所示。P_0 点的编码 $RC_0=0010\neq0$,P_1 点的编码 $RC_1=0100\neq0$,但 $RC_0\&RC_1=0$。直线段 P_0P_1 不能"简取"也不能"简弃",按左右下上顺序计算窗口边界延长线与直线段的交点。P_0 点是外部点,右边界与直线段的交点为 P,直接用 P_0 取代 P,如

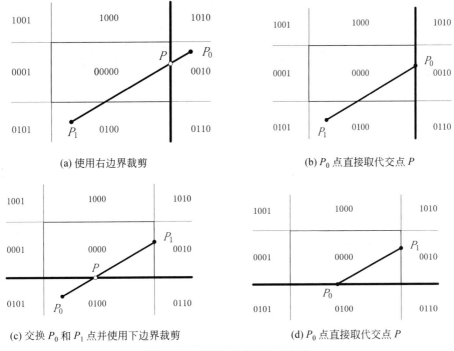

(a) 使用右边界裁剪

(b) P_0 点直接取代交点 P

(c) 交换 P_0 和 P_1 点并使用下边界裁剪

(d) P_0 点直接取代交点 P

图 4-37　直线段与窗口边界相交

图 4-38(b)所示。此时,直线段 P_0P_1 位于窗口外的下侧,$RC_0 = RC_1 = 0100 \neq 0$,可"简弃"之。

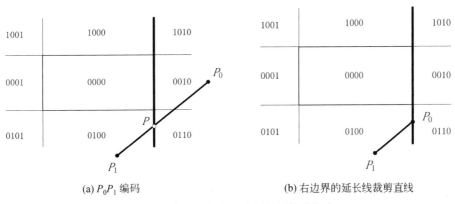

(a) P_0P_1 编码

(b) 右边界的延长线裁剪直线

图 4-38　直线段与窗口边界的延长线相交

4.7.3　交点计算公式

对于端点坐标为 $P_0(x_0, y_0)$ 和 $P_1(x_1, y_1)$ 的直线段,与窗口左边界($x = w_{xl}$)或右边界($x = w_{xr}$)交点的 y 坐标的计算公式为

$$y = k(x - x_0) + y_0, \quad k = (y_1 - y_0)/(x_1 - x_0) \tag{4-25}$$

与窗口上边界($y = w_{yt}$)或下边界($y = w_{yb}$)交点的 x 坐标的计算公式为

$$x = \frac{y - y_0}{k} + x_0, \quad k = (y_1 - y_0)/(x_1 - x_0) \tag{4-26}$$

算法 16：Cohen-Sutherland 裁剪算法

例 4-4 裁剪窗口的左下角点坐标为 $(-300, -100)$，右上角点坐标为 $(300, 100)$，如图 4-39 所示。直线的端点为 $P_0(-150, -250)$，$P_1(100, 250)$。试计算交点 Q_0 和 Q_1 的坐标。

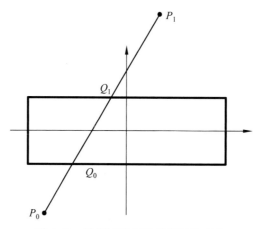

图 4-39　计算直线与裁剪窗口的交点

直线与上下边界相交，交点为 Q_0 和 Q_1。Q_0 点的 $y = -100$，$x = -150$，所以交点 $Q_0(-150, -100)$。Q_1 点的 $y = 100$，$x = -50$，所以交点 $Q_1(-50, 100)$。

4.8　中点分割算法

4.8.1　中点分割算法原理

Cohen-Sutherland 算法将直线段与窗口的位置关系划分为 3 种情况，对前两种情况进行了"简取"与"简弃"的处理。对于第 3 种情况，需要计算直线段与窗口边界的交点。中点算法（midpoint algorithm）对第 3 种情况做了改进，交点的计算过程采用二分法来代替。

中点分割算法简单地把起点为 P_0，终点为 P_1 的直线段等分为两段直线 $P_0 P_m$ 和 $P_m P_1$（P_m 为直线段中点），对每一段重复"简取"和"简弃"的处理，对于不能处理的直线再继续等分下去，直至每一部分完全能够被"简取"或"简弃"，就完成了直线段的裁剪工作。中点分割算法采用二分算法的思想来逐次计算直线段的中点 P_m 以逼近窗口边界。中点分割算法是 Sproull 和 Sutherland 于 1968 年为便于硬件实现而提出的，是 Cohen-Sutherland 算法实现的一种特例。中点分割算法如果用软件实现，裁剪速度会比 Cohen-Sutherland 算法慢；如果用硬件实现，中点坐标可以通过将直线段的起点与终点坐标相加，并右移一位的操作来实现。例如，十进制数 10 可表示成二进制数 1010，右移一位得到 0101，它对应于 5 = 10/2。显然中点算法采用了"加法运算"，而 Cohen-Sutherland 算法计算交点时采用了"乘除法运算"。硬件实现的中点分割算法的裁剪速度要快于 Cohen-Sutherland 算法。

使用中点分割算法裁剪图 4-40 所示的直线段。首先，对 $P_0 P_1$ 进行编码，P_0 的编码为

$RC_0 = 0001$，P_1 的编码为 $RC_1 = 0100$。由于，$RC_0 \mid RC_1 \neq 0$ 且 $RC_0 \& RC_1 = 0$，因此直线段
P_0P_1 既不能"简取"也不能"简弃"，将直线段以中点一分为二。P_0P_1 的中点为 P_2，P_2 点
位于窗口之内，P_0P_2 和 P_2P_1 既不能"简取"也不能"简弃"，需要进行裁剪。

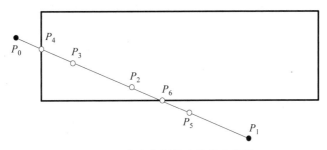

图 4-40　中点分割算法裁剪直线段

首先裁剪 P_0P_2。P_0P_2 的中点为 P_3，裁剪 P_0P_3。P_0P_3 的中点为 P_4，由于 P_4 点位
于窗口左边界上，找到了直线段与窗口边界的一个交点。接着裁剪 P_2P_1。P_2P_1 的中点为
P_5，裁剪 P_2P_5。P_2P_5 的中点为 P_6，由于 P_6 点位于窗口下边界上，找到了直线段与窗口
边界的另一个交点。连接 P_4P_6，得到裁剪后的直线段。这里假定，P_4 和 P_6 点在控制精度
范围内位于裁剪窗口的左边界和下边界上。实际情况是，需要多次调用中点分割算法才能
找到直线段与窗口边界的准确交点。

4.8.2　中点计算公式

对于端点坐标为 $P_0(x_0, y_0)$，$P_1(x_1, y_1)$ 的直线段，中点坐标的计算公式为

$$P = (P_0 + P_1)/2 \tag{4-27}$$

算法 17：中点分割算法
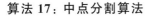

4.9　Liang-Barsky 算法

4.9.1　参数化直线段的裁剪

设起点为 $P_0(x_0, y_0)$，终点为 $P_1(x_1, y_1)$ 直线的参数方程为

$$P = P_0 + t(P_1 - P_0)$$

展开形式为

$$\begin{cases} x = x_0 + t(x_1 - x_0) \\ y = y_0 + t(y_1 - y_0) \end{cases} \tag{4-28}$$

式中，$t \in [0,1]$。对于左下角点与右上角点分别为 (w_{xl}, w_{yb})、(w_{xr}, w_{yt}) 的矩形裁剪窗口，
直线段的裁剪条件表示为

$$w_{xl} \leqslant x_0 + t(x_1 - x_0) \leqslant w_{xr}$$
$$w_{yb} \leqslant y_0 + t(y_1 - y_0) \leqslant w_{yt} \tag{4-29}$$

直线段与窗口边界的 4 个交点如下。

$$t_l = \frac{w_{xl} - x_0}{x_1 - x_0}, \quad t_r = \frac{w_{xr} - x_0}{x_1 - x_0},$$

$$t_{b} = \frac{w_{yb} - y_0}{y_1 - y_0}, \qquad t_{t} = \frac{w_{yt} - y_0}{y_1 - y_0} \qquad (4\text{-}30)$$

其中,t_l、t_r、t_b 和 t_t 分别为直线段与左边界、右边界、下边界、上边界的交点。

如果由上式计算得到的 t 值不满足 $0 \leqslant t \leqslant 1$,则表明交点位于直线的两端点之外,可以舍弃。

例 4-5 裁剪窗口的坐标为 $w_{xl} = -10$, $w_{yb} = -6, w_{xr} = 10, w_{yt} = 6$。直线 $P_0 P_1$ 与窗口相交,其端点坐标为 $P_0(-22, -10), P_1(12, 12)$,如图 4-41 所示。试计算直线段与窗口边界的交点坐标。

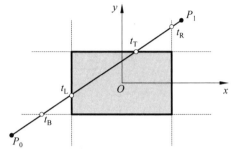

图 4-41 直线段的参数值

$P_0 P_1$ 与裁剪窗口的交点的参数值为

$$t_l = \frac{6}{17} = 0.35, \quad t_r = \frac{16}{17} = 0.94,$$

$$t_b = \frac{2}{11} = 0.18, \quad t_t = \frac{8}{11} = 0.73$$

对于直线段 $P_0 P_1$,其端点坐标的 t 值均在 $[0,1]$ 范围之内。由于一段直线与矩形窗口相交最多只有两个交点,因此计算得到的 4 个 t 值中,只有两个是交点的参数值。从图 4-41 中可以看出,当直线段 $P_0 P_1$ 从左下边界的不可见侧进入窗口时,与窗口下边界的交点是 t_b,与窗口左边界的交点 t_l,且 $t_l > t_b$。t_l 为直线段 $P_0 P_1$ 与窗口左边界交点的参数值。$t_{max} = \max(t_b, t_l) = t_l$。当直线段 $P_0 P_1$ 从窗口内进入右上边界的不可见侧时,与窗口上边界的交点是 t_t,与窗口右边界的交点是 t_r,且 $t_t < t_r$。t_t 为直线段 $P_0 P_1$ 与窗口上边界交点的参数值。$t_{min} = \min(t_t, t_r) = t_t$。可以看出,对于与窗口相交的直线段 $P_0 P_1$,有 $0 < t_{max} < t_{min} < 1$。直线段的可见部分的 $t \in [0.35, 0.73]$。将 $t = 0.35$ 代入式(4-28),计算得 $y = -2.3$。将 $t = 0.73$ 代入式(4-28),计算得 $x = 2.8$。所以直线与窗口的交点坐标为 $(-10, -2.3)$ 和 $(2.8, 6)$。

4.9.2 Liang-Barsky 算法原理

浙江大学的梁友栋与加州大学伯克利分校的 Barsky 联合提出了比 Cohen-Sutherland 裁剪算法速度更快的直线段裁剪算法。Liang-Barsky 算法是以直线的参数方程为基础设计的,将判断直线段与窗口边界求交的二维裁剪问题转化为求解一组不等式,确定直线参数的一维裁剪问题。Liang-Barsky 算法按照直线段与窗口的相互位置关系,划分为两种情况进行讨论:平行于窗口边界的直线段与不平行于窗口边界的直线段。

式(4-29)分解后有

$$\begin{cases} t(x_0 - x_1) \leqslant x_0 - w_{xl} \\ t(x_1 - x_0) \leqslant w_{xr} - x_0 \end{cases} \qquad (4\text{-}31)$$

和

$$\begin{cases} t(y_0 - y_1) \leqslant y_0 - w_{yb} \\ t(y_1 - y_0) \leqslant w_{yt} - y_0 \end{cases} \qquad (4\text{-}32)$$

将 $\Delta x = x_1 - x_0, \Delta y = y_1 - y_0$ 代入式(4-31)和式(4-32)可以得到

$$\begin{cases} t(-\Delta x) \leqslant x_0 - w_{xl} \\ t\Delta x \leqslant w_{xr} - x_0 \end{cases} \quad (4\text{-}33)$$

和

$$\begin{cases} t(-\Delta y) \leqslant y_0 - w_{yb} \\ t\Delta y \leqslant w_{yt} - y_0 \end{cases} \quad (4\text{-}34)$$

式(4-33)和式(3-34)中的不等式描述了裁剪窗口内部,而不仅仅是窗口边界。令

$$\begin{cases} p_1 = -\Delta x, q_1 = x_0 - w_{xl} \\ p_2 = \Delta x, q_2 = w_{xr} - x_0 \\ p_3 = -\Delta y, q_3 = y_0 - w_{yb} \\ p_4 = \Delta y, q_4 = w_{yt} - y_0 \end{cases} \quad (4\text{-}35)$$

观察这 4 个不等式,具有类似的形式,可以合并为一个不等式。统一表示为

$$tp_i \leqslant q_i, \quad i = 1, 2, 3, 4 \quad (4\text{-}36)$$

其中,$i=1$ 表示左边界;$i=2$ 表示右边界;$i=3$ 表示下边界;$i=4$ 表示上边界。这些不等式一起描述了裁剪窗口内部。

4.9.3 算法分析

Liang-Barsky 算法主要考察直线段参数方程中 t 的变化情况。为此,先讨论直线段与窗口边界不平行的情况。

先设

$$t_i = \frac{q_i}{p_i}, \quad p_i \neq 0, i = 1, 2, 3, 4 \quad (4\text{-}37)$$

再研究 p_i 与 q_i 的几何意义。

(1) $p_i \neq 0$,从式(4-35)可知,$x_0 \neq x_1$ 且 $y_0 \neq y_1$,这意味着直线段不与窗口的任何边界平行,直线段及其延长线与窗口边界及其延长线必定相交。p_i 的符号用于判断直线是从边界的不可见侧进入可见侧还是从可见侧进入不可见侧。

$p_i < 0$ 表示在该处直线段从裁剪窗口及其边界延长线的不可见侧延伸到可见侧,直线段与窗口边界的交点位于直线段的起点一侧;$p_i > 0$ 表示在该处直线段从裁剪窗口及其边界延长线的可见侧延伸到不可见侧,直线段与窗口边界的交点位于直线段的终点一侧。

(2) q_i 的符号用于判断直线段起点 P_0 位于相应窗口边界线的哪一侧。如果 $q_i < 0$,那么 P_0 点位于裁剪窗口第 i 条边界的不可见侧,如表 4-1 所示。

表 4-1 $q_i < 0$ 的几何意义

q_i 值	表达式表示	几何意义
$q_1 = x_0 - w_{xl} < 0$	$x_0 < w_{xl}$	P_0 点位于左边界的左侧
$q_2 = w_{xr} - x_0 < 0$	$x_0 > w_{xr}$	P_0 点位于右边界的右侧
$q_3 = y_0 - w_{yb} < 0$	$y_0 < w_{yb}$	P_0 点位于下边界的下侧
$q_4 = w_{yt} - y_0 < 0$	$y_0 > w_{yt}$	P_0 点位于上边界的上侧

可以看出,$q_i < 0$ 正是 Cohen-Sutherland 端点编码的另一种表示方法。如果 $q_i \geqslant 0$,那

么，P_0 点位于裁剪窗口第 i 条边界的可见侧，如表 4-2 所示。

表 4-2 $q_i \geqslant 0$ 的几何意义

q_i 值	表达式表示	几 何 意 义
$q_1 = x_0 - w_{xl} \geqslant 0$	$x_0 \geqslant w_{xl}$	P_0 点位于左边界的右侧
$q_2 = w_{xr} - x_0 \geqslant 0$	$x_0 \leqslant w_{xr}$	P_0 点位于右边界的左侧
$q_3 = y_0 - w_{yb} \geqslant 0$	$y_0 \geqslant w_{yb}$	P_0 点位于下边界的上侧
$q_4 = w_{yt} - y_0 \geqslant 0$	$y_0 \leqslant w_{yt}$	P_0 点位于上边界的下侧

将直线段与窗口边界相交的 t 值分为两组，一组为下限组，位于起点的一侧；另一组为上限组，位于终点的一侧。寻找到下限组的最大值与上限组的最小值后，就可以正确计算交点。

4.9.4　算法的几何意义

Liang-Barsky 算法的几何意义如图 4-42 所示，空心圆圈代表直线段与窗口边界及其延长线的交点，实心圆圈代表直线的端点。$p_1 < 0$ 时，$P_0 P_1$ 从窗口左边界的不可见侧延伸到可见侧，与窗口左边界及其延长线相交于参数 $t = t_1$ 处；$p_2 > 0$ 时，$P_0 P_1$ 从窗口右边界的可见侧延伸到不可见侧，与窗口右边界及其延长线相交于参数 $t = t_2$ 处；$p_3 < 0$ 时，$P_0 P_1$ 从窗口下边界的不可见侧延伸到可见侧，与窗口下边界及其延长线相交于参数 $t = t_3$ 处；$p_4 > 0$ 时，$P_0 P_1$ 从窗口上边界的可见侧延伸到不可见侧，与窗口上边界及其延长线相交于参数 $t = t_4$ 处。这里 t_1、t_2、t_3、t_4 代表了直线段与窗口 4 条边界交点处的参数值。

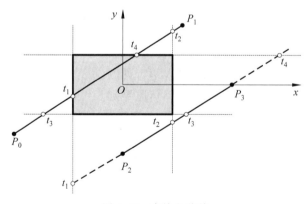

图 4-42   直线段裁剪

从图 4-42 可知，直线段 $P_0 P_1$ 与裁剪窗口的交点参数是 t_1 和 t_4。在直线段的起点一侧，$t_1 > t_3$，所以当 $p_i < 0$ 时，被裁剪直线段的起点取 t 的最大值 $t_{\max} = t_1$；在直线段的终点一侧，$t_4 < t_2$，所以当 $p_i > 0$ 时，被裁剪直线段的终点取 t 的最小值 $t_{\min} = t_4$；如果 $t_{\max} \leqslant t_{\min}$，则被裁剪的直线段位于窗口内。显然 $p_i < 0$ 时，$t_{\max}$ 应该大于 0；$p_i > 0$ 时，$t_{\min}$ 应该小于 1。即

$$\begin{cases} t_{\max} = \max(0, t_i \mid p_i < 0) \\ t_{\min} = \min(t_i \mid p_i > 0, 1) \end{cases} \tag{4-38}$$

直线段位于窗口内的参数条件是 $t_{\max} \leqslant t_{\min}$。将 $t_{\max}$ 和 $t_{\min}$ 代入式(4-28)，可以计算直线

段与窗口上下边界的交点坐标。

再考察直线段 P_2P_3 的情况。起点一侧，$p_i<0$ 时，比较 t_1 和 t_3，有 $t_{max}=t_3$；终点一侧，$p_i>0$ 时，比较 t_2 和 t_4，$t_{min}=t_2$；因为 $t_{max}>t_{min}$，所以直线段 P_2P_3 位于裁剪窗口之外。

如果 $p_1=0$，$p_2=0$，$p_3\neq0$，$p_4\neq0$，表示 $x_0=x_1$，$y_0\neq y_1$。这是平行于窗口左右边界的垂线，如图 4-43 所示。如果满足 $q_1<0$ 或 $q_2<0$，则相应有 $x_0<w_{xl}$ 或 $x_0>w_{xr}$，可以判断直线段位于窗口左右边界之外，可删除；如果 $q_1\geq0$ 且 $q_2\geq0$，在水平方向上直线段位于窗口左右边界或其内部，仅需要判断该直线段在垂直方向是否位于窗口上下边界之内。

$$t_i=\frac{q_i}{p_i}, \quad p_i\neq 0, i=3,4 \tag{4-39}$$

使用式(4-38)计算 t_{max} 和 t_{min}。如果 $t_{max}>t_{min}$，则直线段在窗口外，删除该直线。如果 $t_{max}\leq t_{min}$，将 t_{max} 和 t_{min} 代入式(4-28)，可以计算直线段与窗口上下边界的交点。

同理，如果 $p_1\neq0$，$p_2\neq0$，$p_3=0$，$p_4=0$ 则表示 $x_0\neq x_1$，$y_0=y_1$。这是平行于窗口上下边界的水平线，如图 4-44 所示。如果满足 $q_3<0$ 或 $q_4<0$，则相应有 $y_0<w_{yb}$ 或 $y_0<w_{yt}$，直线段位于窗口上下边界之外，可删除；如果 $q_3\geq0$ 且 $p_4\geq0$，在垂直方向上直线段位于窗口上下边界或其内部，仅需要判断该直线段在水平方向是否位于窗口左右边界之内。

$$t_i=\frac{q_i}{p_i}, \quad p_i\neq 0, i=1,2 \tag{4-40}$$

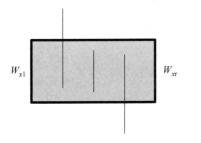

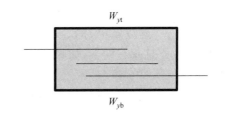

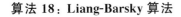

图 4-43　裁剪垂直直线段　　　　　图 4-44　裁剪水平直线段

使用式(4-38)计算 t_{max} 和 t_{min}。如果 $t_{max}>t_{min}$，则直线段在窗口外，删除该直线。如果 $t_{max}\leq t_{min}$，将 t_{max} 和 t_{min} 代入式(4-28)，可以计算直线段与窗口的左右边界交点。

算法 18：Liang-Barsky 算法

4.10　本章小结

本章给出了 3 种直线段裁剪算法，其中 Cohen-Sutherland 裁剪算法最为著名，创新性地提出了直线段端点的编码规则，但这种裁剪算法需要计算直线段与窗口的交点；中点分割裁剪算法避免了求解直线段与窗口边界的交点，只需不断计算直线段中点就可以完成直线段的裁剪，但迭代计算工作量较大。Liang-Barsky 裁剪算法是这 3 种算法中效率最高的算法，通过建立直线段的参数方程，得到了一组描述裁剪区域的不等式，最后将直线段裁剪问题简化为一个计算极大值和极小值的问题。把二维裁剪问题转化成一维裁剪问题，直线段的裁剪转化为求解一组不等式的问题。

习　题　4

1. 如图 4-45 所示，求 $P_0(4,1)$、$P_1(7,3)$、$P_2(7,7)$、$P_3(1,4)$ 构成的四边形绕 $Q(5,4)$ 逆时针方向旋转 $45°$ 的变换矩阵和变换后图形的顶点坐标。

2. 已知正方形 $P_0P_1P_2P_3$，左下角顶点为 $P_0(-1,-1)$，右上角顶点为 $P_2(1,1)$。沿 x 方向发生 $b=0.5, c=0$ 错切后的图形为平行四边形 $V_0V_1V_2V_3$，如图 4-46 所示，试计算平行四边形的顶点坐标。

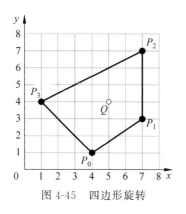

图 4-45　四边形旋转

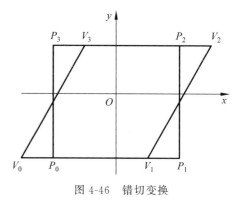

图 4-46　错切变换

3. 屏幕设备坐标系的原点位于左上角，x 轴水平向右，最大值为 MaxX，y 轴垂直向下，最大值为 MaxY。建立新坐标系 $x'O'y'$，原点位于窗口客户区中心 $(\text{MaxX}/2, \text{MaxY}/2)$，$x'$ 轴水平向右，y' 轴垂直向上，如图 4-47 所示。使用变换矩阵求解这两个坐标系之间的变换关系。

4. 用 Cohen-SutherLand 算法裁剪线段 $P_0(0,2)$，$P_1(3,3)$，裁剪窗口为 $w_{xl}=1, w_{xr}=6, w_{yb}=1, w_{yt}=5$，如图 4-48 所示。要求写出：

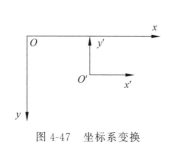

图 4-47　坐标系变换

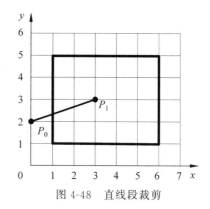

图 4-48　直线段裁剪

(1) 窗口边界划分的 9 个区域的编码原则。

(2) 直线段端点的编码。

(3) 裁剪的主要步骤。

(4) 裁剪后窗口内直线段的端点坐标。

5. 窗视变换公式也可以使用窗口和视区的相似原理进行推导,但要求点 $P(x_w,y_w)$ 在窗口中的相对位置等于点 $P'(x_v,y_v)$ 在视区中的相对位置,试推导以下的窗视变换公式:

$$\begin{cases} x_v = a \cdot x_w + b \\ y_v = c \cdot y_w + d \end{cases}$$

变换系数为

$$\begin{cases} a = S_x = \dfrac{v_{xr} - v_{xl}}{w_{xr} - w_{xl}} \\ b = v_{xl} - w_{xl} \cdot a \\ c = S_y = \dfrac{v_{yt} - v_{yb}}{w_{yt} - w_{yb}} \\ d = v_{yb} - w_{yb} \cdot c \end{cases}$$

6. 已知裁剪窗口为 $w_{xl}=0,w_{xr}=2,w_{yb}=0,w_{yt}=2$,直线段的起点坐标为 $P_0(3,3)$,终点坐标为 $P_1(-2,-1)$,如图 4-49 所示。请使用 Liang-Barsky 算法分步说明裁剪过程,并求出直线段在窗口内部分的端点 C 和 D 的坐标值。

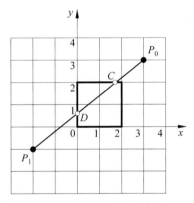

图 4-49　Liang-Barsky 算法裁剪直线段

第 5 章　三维变换与投影

现实世界是三维的,三维物体的运动是通过三维变换实现的。光栅扫描显示器是二维平面显示器,要在二维屏幕上绘制出三维场景就要通过投影变换来降低维数。本章主要介绍三维变换、正交投影、斜投影与透视投影。

5.1　三 维 变 换

5.1.1　三维变换矩阵

同二维变换类似,三维变换同样引入了齐次坐标,在四维空间内进行讨论。用 (x,y,z,w) 表示一个点(其中 $w=1$),而不是用 (x,y,z)。三维变换就可以表示为某一变换矩阵与物体顶点集合的齐次坐标矩阵相乘的形式。三维变换矩阵是一个 4×4 的方阵。

$$\boldsymbol{M} = \begin{bmatrix} a & b & c & l \\ d & e & f & m \\ g & h & i & n \\ p & q & r & s \end{bmatrix} \qquad (5\text{-}1)$$

设 $\boldsymbol{M}_1 = \begin{bmatrix} a & b & c \\ d & e & f \\ g & h & i \end{bmatrix}$ 为 3×3 的子矩阵,用于对物体进行比例、旋转、反射和错切变换;

$\boldsymbol{M}_2 = \begin{bmatrix} l \\ m \\ n \end{bmatrix}$ 为 3×1 的子矩阵,用于对物体进行平移变换;

$\boldsymbol{M}_3 = \begin{bmatrix} p & q & r \end{bmatrix}$ 为 1×3 的子矩阵,用于对物体进行投影变换;

$\boldsymbol{M}_4 = \begin{bmatrix} s \end{bmatrix}$ 为 1×1 的子矩阵,用于对物体进行整体比例变换。

5.1.2　三维变换形式

物体的几何变换通常是以点变换为基础的。三维变换的基本方法是把变换矩阵作为一个算子,作用到变换前物体顶点集合的齐次坐标矩阵上,得到变换后新的顶点集合的齐次坐标矩阵。连接新的物体顶点,就可以绘制出变换后的三维物体模型。

设变换前物体顶点矩阵

$$\boldsymbol{P} = \begin{bmatrix} x_0 & x_1 & \cdots & x_{n-1} \\ y_0 & y_1 & \cdots & y_{n-1} \\ z_0 & z_1 & \cdots & z_{n-1} \\ 1 & 1 & \cdots & 1 \end{bmatrix}$$

变换后物体新的顶点矩阵为

$$
\boldsymbol{P}' = \begin{bmatrix} x'_0 & x'_1 & \cdots & x'_{n-1} \\ y'_0 & y'_1 & \cdots & y'_{n-1} \\ z'_0 & z'_1 & \cdots & z'_{n-1} \\ 1 & 1 & \cdots & 1 \end{bmatrix}
$$

三维变换矩阵为

$$
\boldsymbol{M} = \begin{bmatrix} a & b & c & l \\ d & e & f & m \\ g & h & i & n \\ p & q & r & s \end{bmatrix}
$$

则三维变换公式为 $\boldsymbol{P}' = \boldsymbol{M} \cdot \boldsymbol{P}$，可以写成

$$
\begin{bmatrix} x'_0 & x'_1 & \cdots & x'_{n-1} \\ y'_0 & y'_1 & \cdots & y'_{n-1} \\ z'_0 & z'_1 & \cdots & z'_{n-1} \\ 1 & 1 & \cdots & 1 \end{bmatrix} = \begin{bmatrix} a & b & c & l \\ d & e & f & m \\ g & h & i & n \\ p & q & r & s \end{bmatrix} \begin{bmatrix} x_0 & x_1 & \cdots & x_{n-1} \\ y_0 & y_1 & \cdots & y_{n-1} \\ z_0 & z_1 & \cdots & z_{n-1} \\ 1 & 1 & \cdots & 1 \end{bmatrix} \tag{5-2}
$$

5.2 三维基本变换

三维基本变换是指将 $P(x,y,z)$ 点从一个坐标位置变换到另一个坐标位置 $P'(x',y',z')$ 的过程。三维基本变换和二维基本变换一样是相对于坐标系原点或坐标轴进行的几何变换，包括平移、比例、旋转、反射和错切 5 种变换。因为三维变换矩阵的推导过程与二维变换矩阵的推导过程类似，这里只给出结论。

5.2.1 平移变换

平移变换的坐标表示为

$$
\begin{cases} x' = x + T_x \\ y' = y + T_y \\ z' = z + T_z \end{cases}
$$

因此，三维平移变换矩阵为

$$
\boldsymbol{M} = \begin{bmatrix} 1 & 0 & 0 & T_x \\ 0 & 1 & 0 & T_y \\ 0 & 0 & 1 & T_z \\ 0 & 0 & 0 & 1 \end{bmatrix} \tag{5-3}
$$

其中，T_x、T_y、T_z 是平移参数。

5.2.2 比例变换

比例变换的坐标表示为

$$
\begin{cases} x' = x S_x \\ y' = y S_y \\ z' = z S_z \end{cases}
$$

因此,三维比例变换矩阵为

$$
\boldsymbol{M} = \begin{bmatrix} S_x & 0 & 0 & 0 \\ 0 & S_y & 0 & 0 \\ 0 & 0 & S_z & 0 \\ 0 & 0 & 0 & 1 \end{bmatrix}
\tag{5-4}
$$

其中,S_x、S_y、S_z 是比例系数。

5.2.3 旋转变换

三维旋转变换一般看作二维旋转变换的组合,可以分为绕 x 轴旋转、绕 y 轴旋转、绕 z 轴旋转。绕坐标轴的旋转角用 β 表示。β 正向的定义符合右手螺旋法则:大拇指指向旋转轴正向,其余四指的转向为转角的正向。

1. 绕 x 轴旋转

绕 x 轴旋转变换的坐标表示为

$$
\begin{cases} x' = x \\ y' = y\cos\beta - z\sin\beta \\ z' = y\sin\beta + z\cos\beta \end{cases}
$$

因此,绕 x 轴的三维旋转变换矩阵为

$$
\boldsymbol{M} = \begin{bmatrix} 1 & 0 & 0 & 0 \\ 0 & \cos\beta & -\sin\beta & 0 \\ 0 & \sin\beta & \cos\beta & 0 \\ 0 & 0 & 0 & 1 \end{bmatrix}
\tag{5-5}
$$

其中,β 为正向旋转角。

2. 绕 y 轴旋转

同理可得,绕 y 轴旋转变换的坐标表示为

$$
\begin{cases} x' = x\cos\beta + z\sin\beta \\ y' = y \\ z' = -x\sin\beta + z\cos\beta \end{cases}
$$

因此,绕 y 轴的三维旋转变换矩阵

$$
\boldsymbol{M} = \begin{bmatrix} \cos\beta & 0 & \sin\beta & 0 \\ 0 & 1 & 0 & 0 \\ -\sin\beta & 0 & \cos\beta & 0 \\ 0 & 0 & 0 & 1 \end{bmatrix}
\tag{5-6}
$$

其中,β 为正向旋转角。

3. 绕 z 轴旋转

同理可得,绕 z 轴旋转变换的坐标表示为

$$
\begin{cases} x' = x\cos\beta - y\sin\beta \\ y' = x\sin\beta + y\cos\beta \\ z' = z \end{cases}
$$

因此,绕 z 轴的三维旋转变换矩阵为

$$M = \begin{bmatrix} \cos\beta & -\sin\beta & 0 & 0 \\ \sin\beta & \cos\beta & 0 & 0 \\ 0 & 0 & 1 & 0 \\ 0 & 0 & 0 & 1 \end{bmatrix} \qquad (5\text{-}7)$$

其中,β 为正向旋转角。

5.2.4 反射变换

三维反射可以分为关于坐标轴的反射和关于坐标平面的反射两类。

1. 关于 x 轴的反射

关于 x 轴反射变换的坐标表示为

$$\begin{cases} x' = x \\ y' = -y \\ z' = -z \end{cases}$$

因此,关于 x 轴的三维反射变换矩阵为

$$M = \begin{bmatrix} 1 & 0 & 0 & 0 \\ 0 & -1 & 0 & 0 \\ 0 & 0 & -1 & 0 \\ 0 & 0 & 0 & 1 \end{bmatrix} \qquad (5\text{-}8)$$

2. 关于 y 轴的反射

关于 y 轴反射变换的坐标表示为

$$\begin{cases} x' = -x \\ y' = y \\ z' = -z \end{cases}$$

因此,关于 y 轴的三维反射变换矩阵为

$$M = \begin{bmatrix} -1 & 0 & 0 & 0 \\ 0 & 1 & 0 & 0 \\ 0 & 0 & -1 & 0 \\ 0 & 0 & 0 & 1 \end{bmatrix} \qquad (5\text{-}9)$$

3. 关于 z 轴的反射

关于 z 轴反射变换的坐标表示为

$$\begin{cases} x' = -x \\ y' = -y \\ z' = z \end{cases}$$

因此,关于 z 轴的三维反射变换矩阵为

$$M = \begin{bmatrix} -1 & 0 & 0 & 0 \\ 0 & -1 & 0 & 0 \\ 0 & 0 & 1 & 0 \\ 0 & 0 & 0 & 1 \end{bmatrix} \qquad (5\text{-}10)$$

4. 关于 *xOy* 平面的反射

关于 xOy 平面反射变换的坐标表示为

$$\begin{cases} x' = x \\ y' = y \\ z' = -z \end{cases}$$

因此,关于 xOy 平面的三维反射变换矩阵为

$$\boldsymbol{M} = \begin{bmatrix} 1 & 0 & 0 & 0 \\ 0 & 1 & 0 & 0 \\ 0 & 0 & -1 & 0 \\ 0 & 0 & 0 & 1 \end{bmatrix} \tag{5-11}$$

5. 关于 *yOz* 平面的反射

关于 yOz 平面反射变换的坐标表示为

$$\begin{cases} x' = -x \\ y' = y \\ z' = z \end{cases}$$

因此,关于 yOz 平面的三维反射变换矩阵为

$$\boldsymbol{M} = \begin{bmatrix} -1 & 0 & 0 & 0 \\ 0 & 1 & 0 & 0 \\ 0 & 0 & 1 & 0 \\ 0 & 0 & 0 & 1 \end{bmatrix} \tag{5-12}$$

6. 关于 *zOx* 平面的反射

关于 zOx 平面反射变换的坐标表示为

$$\begin{cases} x' = x \\ y' = -y \\ z' = z \end{cases}$$

因此,关于 zOx 平面的三维反射变换矩阵为

$$\boldsymbol{M} = \begin{bmatrix} 1 & 0 & 0 & 0 \\ 0 & -1 & 0 & 0 \\ 0 & 0 & 1 & 0 \\ 0 & 0 & 0 & 1 \end{bmatrix} \tag{5-13}$$

5.2.5 错切变换

三维错切变换的坐标表示为

$$\begin{cases} x' = x + by + cz \\ y' = dx + y + fz \\ z' = gx + hy + z \end{cases}$$

因此,三维错切变换矩阵为

$$\boldsymbol{M} = \begin{bmatrix} 1 & b & c & 0 \\ d & 1 & f & 0 \\ g & h & 1 & 0 \\ 0 & 0 & 0 & 1 \end{bmatrix} \tag{5-14}$$

三维错切变换中,一个坐标的变化受另外两个坐标变化的影响。如果变换矩阵第 1 行中元素 b 和 c 不为 0,则产生沿 x 轴方向的错切;如果第 2 行中元素 d 和 f 不为 0,则产生沿 y 轴方向的错切;如果第 3 行中元素 g 和 h 不为 0,则产生沿 z 轴方向的错切。

1. 沿 x 方向错切

此时,$d=0$,$f=0$,$g=0$,$h=0$。因此,沿 x 方向错切变换矩阵为

$$\boldsymbol{M} = \begin{bmatrix} 1 & b & c & 0 \\ 0 & 1 & 0 & 0 \\ 0 & 0 & 1 & 0 \\ 0 & 0 & 0 & 1 \end{bmatrix} \tag{5-15}$$

当 $b=0$ 时,错切平面离开 z 轴,沿 x 方向移动 c_z 距离;当 $c=0$ 时,错切平面离开 y 轴,沿 x 方向移动 b_y 距离。

2. 沿 y 方向错切

此时,$b=0$,$c=0$,$g=0$,$h=0$。因此,沿 y 方向错切变换矩阵为

$$\boldsymbol{M} = \begin{bmatrix} 1 & 0 & 0 & 0 \\ d & 1 & f & 0 \\ 0 & 0 & 1 & 0 \\ 0 & 0 & 0 & 1 \end{bmatrix} \tag{5-16}$$

当 $d=0$ 时,错切平面离开 z 轴,沿 y 方向移动 f_z 距离;当 $f=0$ 时,错切平面离开 x 轴,沿 y 方向移动 d_x 距离。

3. 沿 z 方向错切

此时,$b=0$,$c=0$,$d=0$,$f=0$。因此,沿 z 方向错切变换矩阵为

$$\boldsymbol{M} = \begin{bmatrix} 1 & 0 & 0 & 0 \\ 0 & 1 & 0 & 0 \\ g & h & 1 & 0 \\ 0 & 0 & 0 & 1 \end{bmatrix} \tag{5-17}$$

当 $g=0$ 时,错切平面离开 y 轴,沿 z 方向移动 h_y 距离;当 $h=0$ 时,错切平面离开 x 轴,沿 z 方向移动 g_x 距离。

5.3 三维复合变换

三维基本变换是相对于坐标系原点或坐标轴进行的几何变换。同二维复合变换类似,三维复合变换是指对图形进行一次以上的基本变换,总变换矩阵是每一步变换矩阵相乘的结果。

$$\boldsymbol{P}' = \boldsymbol{M} \cdot \boldsymbol{P} = \boldsymbol{M}_n \cdot \boldsymbol{M}_{n-1} \cdots \boldsymbol{M}_2 \cdot \boldsymbol{M}_1 \cdot \boldsymbol{P}, \quad 其中 n > 1$$

其中,$\boldsymbol{M}$ 为复合变换矩阵,$\boldsymbol{M}_1$、$\boldsymbol{M}_2$、$\cdots$、$\boldsymbol{M}_n$ 为 n 个单一的基本变换矩阵。

5.3.1 相对于任意一个参考点的三维变换

在三维基本变换中,旋转变换和比例变换是与参考点相关的。相对于任意一个参考点的比例变换和旋转变换应表达为复合变换形式。变换方法是首先将参考点平移到坐标系原点,相对于坐标系原点作比例变换或旋转变换,然后再进行反平移,将参考点平移回原位置。

5.3.2 相对于任意一个参考方向的三维变换

相对于任意方向的变换方法是首先对任意方向做旋转变换,使任意方向与某个坐标轴重合,然后对该坐标轴进行三维基本变换,最后做反向旋转变换,将任意方向还原回原来的方向。三维几何变换中需要进行两次旋转变换,才能使任意方向与某一坐标轴重合。一般做法是先将任意方向旋转到某个坐标平面内,然后再旋转到与该坐标平面内的某个坐标轴重合。某个坐标轴可以是 3 个坐标轴中的任意一个,其中 z 轴是个不错的选择。

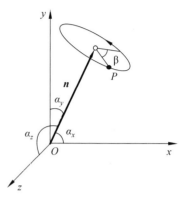

图 5-1 绕空间向量旋转

例 5-1 任意向量 n 用 3 个坐标轴上的方向余弦表示为 $n=(\cos\alpha_x,\cos\alpha_y,\cos\alpha_z)$,求空间中一点 $P(x,y,z)$ 绕 n 逆时针方向旋转 β 后的分步变换矩阵,如图 5-1 所示。

将 n 分别绕 x 轴、y 轴旋转适当角度与 z 轴重合,有多种方法可以实现二次旋转。这里采用将 n 变换到 yOz 平面,然后使用绕 x 轴的旋转将 n 变换到 z 轴上的方法。完成二次旋转后,再绕 z 轴逆时针旋转 β 角,最后再进行上述变换的逆变换,使 n 回到原来位置,如图 5-2 所示。

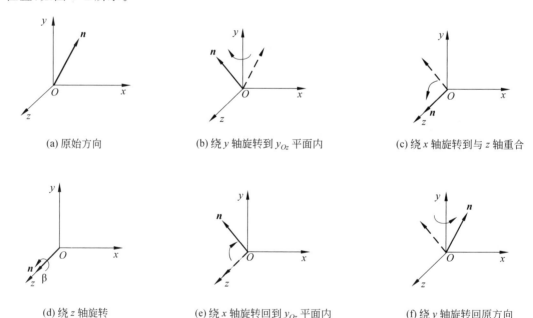

(a) 原始方向　　(b) 绕 y 轴旋转到 y_{Oz} 平面内　　(c) 绕 x 轴旋转到与 z 轴重合

(d) 绕 z 轴旋转　　(e) 绕 x 轴旋转回到 y_{Oz} 平面内　　(f) 绕 y 轴旋转回原方向

图 5-2 相对于任意方向的三维变换步骤

(1) 将 n 绕 y 轴顺时针方向旋转 β_y 后,与 yOz 平面重合,变换矩阵为

$$M_1=\begin{bmatrix} \cos\beta_y & 0 & -\sin\beta_y & 0 \\ 0 & 1 & 0 & 0 \\ \sin\beta_y & 0 & \cos\beta_y & 0 \\ 0 & 0 & 0 & 1 \end{bmatrix} \tag{5-18}$$

（2）将 $\boldsymbol{n}$ 绕 x 轴逆时针方向旋转 β_x 后，与 z 轴重合，变换矩阵为

$$\boldsymbol{M}_2 = \begin{bmatrix} 1 & 0 & 0 & 0 \\ 0 & \cos\beta_x & -\sin\beta_x & 0 \\ 0 & \sin\beta_x & \cos\beta_x & 0 \\ 0 & 0 & 0 & 1 \end{bmatrix} \tag{5-19}$$

（3）将 $P(x,y,z)$ 点绕 z 轴逆时针方向旋转 β 后，变换矩阵为

$$\boldsymbol{M}_3 = \begin{bmatrix} \cos\beta & -\sin\beta & 0 & 0 \\ \sin\beta & \cos\beta & 0 & 0 \\ 0 & 0 & 1 & 0 \\ 0 & 0 & 0 & 1 \end{bmatrix} \tag{5-20}$$

（4）将 $\boldsymbol{n}$ 绕 x 轴顺时针旋转 β_x 后，变换矩阵为

$$\boldsymbol{M}_4 = \begin{bmatrix} 1 & 0 & 0 & 0 \\ 0 & \cos\beta_x & \sin\beta_x & 0 \\ 0 & -\sin\beta_x & \cos\beta_x & 0 \\ 0 & 0 & 0 & 1 \end{bmatrix} \tag{5-21}$$

（5）将 $\boldsymbol{n}$ 绕 y 轴逆时针方向旋转 β_y 后，变换矩阵为

$$\boldsymbol{M}_5 = \begin{bmatrix} \cos\beta_y & 0 & \sin\beta_y & 0 \\ 0 & 1 & 0 & 0 \\ -\sin\beta_y & 0 & \cos\beta_y & 0 \\ 0 & 0 & 0 & 1 \end{bmatrix} \tag{5-22}$$

式（5-22）中，$\sin\beta_x$、$\cos\beta_x$、$\sin\beta_y$、$\cos\beta_y$ 为中间变量。将 $\boldsymbol{n}$ 投影到 xOz 平面上，投影向量为 $\boldsymbol{u}$，$\boldsymbol{u}$ 与 z 轴正向的夹角为 β_y。将 $\boldsymbol{n}$ 绕 y 轴顺时针旋转 β_y 后到 yOz 平面上，得到向量 $\boldsymbol{v}$，$\boldsymbol{v}$ 与 z 轴正向的夹角为 β_x，如图 5-3 所示。不需要计算 β_x 和 β_y 的值，只计算其正弦值与余弦值，就可以定义变换矩阵 $\boldsymbol{M}_1$、$\boldsymbol{M}_2$、$\boldsymbol{M}_4$ 和 $\boldsymbol{M}_5$。

$\boldsymbol{n}$ 在 3 个坐标轴上的投影分别为 $n_x = \cos\alpha_x$、$n_y = \cos\alpha_2$，$n_z = \cos\alpha_3$。取 z 轴上一单位向量 $\boldsymbol{k}$，将其绕 x 轴顺时针方向旋转 β_x 后，再绕 y 轴逆时针方向旋转 β_y 后，单位向量 $\boldsymbol{k}$ 将与单位向量 $\boldsymbol{n}$ 重合，变换过程为

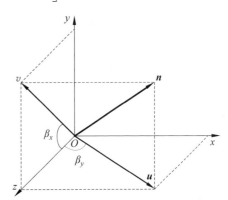

图 5-3　空间向量旋转角示意图

$$\begin{bmatrix} \cos\alpha_x \\ \cos\alpha_y \\ \cos\alpha_z \\ 1 \end{bmatrix} = \begin{bmatrix} \cos\beta_y & 0 & \sin\beta_y & 0 \\ 0 & 1 & 0 & 0 \\ -\sin\beta_y & 0 & \cos\beta_y & 0 \\ 0 & 0 & 0 & 1 \end{bmatrix} \begin{bmatrix} 1 & 0 & 0 & 0 \\ 0 & \cos\beta_x & \sin\beta_x & 0 \\ 0 & -\sin\beta_x & \cos\beta_x & 0 \\ 0 & 0 & 0 & 1 \end{bmatrix} \begin{bmatrix} 0 \\ 0 \\ 1 \\ 1 \end{bmatrix} = \begin{bmatrix} \cos\beta_x\sin\beta_y \\ \sin\beta_x \\ \cos\beta_x\cos\beta_y \\ 1 \end{bmatrix}$$

即

$$\cos\beta_x\sin\beta_y = \cos\alpha_x,\ \sin\beta_x = \cos\alpha_y,\ \cos\alpha_z = \cos\beta_x\cos\beta_y$$

可解得

$$\cos\beta_x = \sqrt{1 - \sin^2\beta_x} = \sqrt{1 - \cos^2\alpha_y} = \sqrt{\cos^2\alpha_x + \cos^2\alpha_z}$$

$$\begin{cases} \sin\beta_x = \cos\alpha_y \\ \cos\beta_x = \sqrt{\cos^2\alpha_x + \cos^2\alpha_z} \\ \sin\beta_y = \dfrac{\cos\alpha_x}{\sqrt{\cos^2\alpha_x + \cos^2\alpha_z}} \\ \cos\beta_y = \dfrac{\cos\alpha_z}{\sqrt{\cos^2\alpha_x + \cos^2\alpha_z}} \end{cases} \qquad (5\text{-}23)$$

或者表示为

$$\begin{cases} \sin\beta_x = n_y \\ \cos\beta_x = \sqrt{n_x^2 + n_z^2} \\ \sin\beta_y = \dfrac{n_x}{\sqrt{n_x^2 + n_z^2}} \\ \cos\beta_y = \dfrac{n_z}{\sqrt{n_x^2 + n_z^2}} \end{cases} \qquad (5\text{-}24)$$

将式(5-23)和式(5-24)代入式(5-18)、式(5-19)、式(5-21)和式(5-22)中,即可计算出变换矩阵 $\boldsymbol{M}_1$、$\boldsymbol{M}_2$、$\boldsymbol{M}_4$ 和 $\boldsymbol{M}_5$。相对于任意方向旋转的复合变换矩阵 $\boldsymbol{M} = \boldsymbol{M}_5 \cdot \boldsymbol{M}_4 \cdot \boldsymbol{M}_3 \cdot \boldsymbol{M}_2 \cdot \boldsymbol{M}_1$。立方体绕主对角线旋转的效果如图 5-4 所示。

说明:虽然称为任意方向,但实际上并不包含 y 轴方向。在 $\boldsymbol{n} = (0,1,0)$ 上,出现了 $\cos\beta_x = 0$,因而不能定义 $\sin\beta_y$、$\cos\beta_y$。绕 y 轴旋转时,应直接使用相关的旋转矩阵。

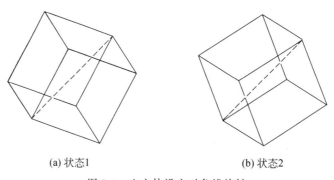

(a) 状态1   (b) 状态2

图 5-4　立方体沿主对角线旋转

算法 19：三维几何变换算法

5.4　平 行 投 影

由于显示器屏幕只能显示二维图形,因此要输出三维物体,就要通过投影来降低维数。投影就是从投影中心(center of projection,COP)发出射线,经过三维物体上的每一点后,与投影面相交所形成的交点集合,因此把三维坐标转换为二维坐标的过程称为投影变换。根据投影中心与投影面之间的距离的不同,投影可分为平行投影和透视投影。当投影中心到投影面的距离为有限值时,得到的投影称为透视投影;若此距离为无穷大,则投影称为平行投影。正透视投影(简称透视投影)要求存在一条投影中心线垂直于投影面,且其他投影线对称于投影中心线,否则为斜透视投影。平行投影分为正投影和斜投影。投影方向垂直于投影面的平行投影称为正投影,投影方向不垂直于投影面的平行投影称为斜投影。正投影的最大特点是无论物体距离视点(眼睛或摄像机)多远,投影后的物体尺寸保持不变。物体的三视图就是按照正投影绘制的。投影分类如图 5-5 所示。

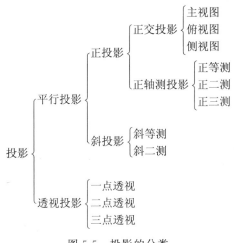

图 5-5　投影的分类

5.4.1　正交投影

设物体上任意一点的三维坐标为 $P(x,y,z)$,投影后的三维坐标为 $P'(x',y',z')$,则正交投影方程

$$\begin{cases} x' = x \\ y' = y \\ z' = 0 \end{cases}$$

齐次坐标矩阵表示为

$$\begin{bmatrix} x' \\ y' \\ z' \\ 1 \end{bmatrix} = \begin{bmatrix} x \\ y \\ 0 \\ 1 \end{bmatrix} = \begin{bmatrix} 1 & 0 & 0 & 0 \\ 0 & 1 & 0 & 0 \\ 0 & 0 & 0 & 0 \\ 0 & 0 & 0 & 1 \end{bmatrix} \begin{bmatrix} x \\ y \\ z \\ 1 \end{bmatrix}$$

正交投影变换矩阵为

$$\boldsymbol{M}_{\text{orth}} = \begin{bmatrix} 1 & 0 & 0 & 0 \\ 0 & 1 & 0 & 0 \\ 0 & 0 & 0 & 0 \\ 0 & 0 & 0 & 1 \end{bmatrix} \tag{5-25}$$

对图 5-6 所示为立方体线框模型进行正交投影,假定投影面为 xOy,投影坐标为 (x,y),只要简单地取立方体每个三维顶点坐标 $P(x,y,z)$ 的 x 分量和 y 分量,用直线连接各个二维点,就可以绘制出立方体在 xOy 平面内的正交投影。

若立方体的前后表面平行于 xOy 投影面,二者的正交投影完全重合,这是正交投影区别于透视投影的重要特征。制作立方体的旋转动画,立方体旋转后在 xOy 平面内投影。图 5-7 是立方体的旋转投影效果图。

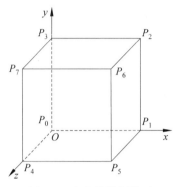

图 5-6　立方体线框模型

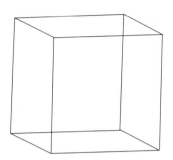

图 5-7　立方体线框模型的正交投影

算法 20：正交投影算法

5.4.2　三视图

将视线规定为平行线,正对着物体看过去,将物体的边界用正交投影绘制出来的图形称为视图。一个物体有 6 个视图:从物体的前面向后面投射所得的视图称为主视图(前视图);从物体的上面向下面投射所得的视图称为俯视图(下视图);从物体的左面向右面投射所得的视图称为侧视图(左视图);还有其他 3 个视图(后视图、上视图和右视图)不是很常用。三视图就是主视图、俯视图和侧视图的总称。将三维坐标轴展开为二维坐标轴后,正面标记为 V(zOy)、水平面标记为 H(zOx)、侧面标记为 W(xOy)。需要将三视图展示在一个平面内,考虑到坐标系的旋转的便利,选择 zOy 平面作为三视图展示平面。坐标面展开过程如图 5-8 所示。

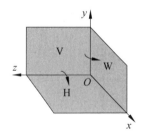

(a) 俯视图 H 绕 z 轴顺时针方向旋转90°

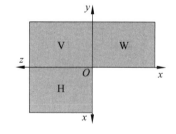

(b) 侧视图 W 绕 y 轴逆时针方向旋转90°

图 5-8　三视图展开过程

在 zOy 平面内,绘制三视图步骤如下。

(1) 分别将物体向铅垂面、水平面和侧面内投影得到主视图、俯视图和侧视图。投影方法是将垂直于投影面的坐标取为零。

(2) 由于 3 个投影面互相垂直,因此若选择主视图所在的铅垂面作为三视图展示平面,就需要将水平面与侧面各自旋转 90°,使其位于铅垂面内。

（3）位于同一平面内的三视图彼此相连,建议通过适当平移将三视图分开,间隔一段距离。

图 5-9(a)为正三棱柱的立体图,图 5-9(b)为正三棱柱的三视图。

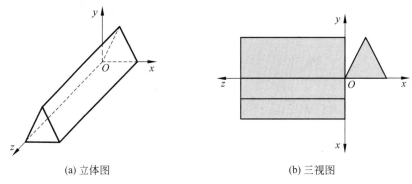

(a) 立体图　　　　　　　　　　　　(b) 三视图

图 5-9　正三棱柱的三视图

1. 主视图

将图 5-9(a)所示的正三棱柱向 zOy 平面做正交投影,得到主视图。设正三棱柱上任意一点坐标用 $P(x,y,z)$ 表示,它在 zOy 平面内投影后的坐标为 $P'(x',y',z')$,其中 $x'=0$, $y'=y$,$z'=z$。

$$
\begin{bmatrix} x' \\ y' \\ z' \\ 1 \end{bmatrix} = \begin{bmatrix} 0 \\ y \\ z \\ 1 \end{bmatrix} = \begin{bmatrix} 0 & 0 & 0 & 0 \\ 0 & 1 & 0 & 0 \\ 0 & 0 & 1 & 0 \\ 0 & 0 & 0 & 1 \end{bmatrix} \begin{bmatrix} x \\ y \\ z \\ 1 \end{bmatrix}
$$

主视图变换矩阵为

$$
\boldsymbol{M}_{V} = \boldsymbol{M}_{zOy} = \begin{bmatrix} 0 & 0 & 0 & 0 \\ 0 & 1 & 0 & 0 \\ 0 & 0 & 1 & 0 \\ 0 & 0 & 0 & 1 \end{bmatrix} \tag{5-26}
$$

2. 俯视图

将正三棱柱向 zOx 平面做正交投影得到俯视图。设正三棱柱上任意一点坐标用 $P(x,y,z)$ 表示,它在 zOx 平面上投影后坐标为 $P'(x',y',z')$,其中 $x'=x$,$y'=0$,$z'=z$。

$$
\begin{bmatrix} x' \\ y' \\ z' \\ 1 \end{bmatrix} = \begin{bmatrix} x \\ 0 \\ z \\ 1 \end{bmatrix} = \begin{bmatrix} 1 & 0 & 0 & 0 \\ 0 & 0 & 0 & 0 \\ 0 & 0 & 1 & 0 \\ 0 & 0 & 0 & 1 \end{bmatrix} \begin{bmatrix} x \\ y \\ z \\ 1 \end{bmatrix}
$$

投影变换矩阵为

$$
\boldsymbol{M}_{zOx} = \begin{bmatrix} 1 & 0 & 0 & 0 \\ 0 & 0 & 0 & 0 \\ 0 & 0 & 1 & 0 \\ 0 & 0 & 0 & 1 \end{bmatrix}
$$

为了在铅垂面(zOy 平面)内表示俯视图,需要将 zOx 平面绕 z 轴顺时针旋转 $90°$,旋转变换矩阵为

$$\boldsymbol{M}_{Rz}=\begin{bmatrix} \cos\left(-\dfrac{\pi}{2}\right) & -\sin\left(-\dfrac{\pi}{2}\right) & 0 & 0 \\ \sin\left(-\dfrac{\pi}{2}\right) & \cos\left(-\dfrac{\pi}{2}\right) & 0 & 0 \\ 0 & 0 & 1 & 0 \\ 0 & 0 & 0 & 1 \end{bmatrix}=\begin{bmatrix} 0 & 1 & 0 & 0 \\ -1 & 0 & 0 & 0 \\ 0 & 0 & 1 & 0 \\ 0 & 0 & 0 & 1 \end{bmatrix}$$

俯视图的变换矩阵为上述两个变换矩阵的乘积

$$\boldsymbol{M}_{H}=\boldsymbol{M}_{Rz}\cdot\boldsymbol{M}_{zOx}=\begin{bmatrix} 0 & 1 & 0 & 0 \\ -1 & 0 & 0 & 0 \\ 0 & 0 & 1 & 0 \\ 0 & 0 & 0 & 1 \end{bmatrix}\begin{bmatrix} 1 & 0 & 0 & 0 \\ 0 & 0 & 0 & 0 \\ 0 & 0 & 1 & 0 \\ 0 & 0 & 0 & 1 \end{bmatrix}$$

俯视图变换矩阵为

$$\boldsymbol{M}_{H}=\begin{bmatrix} 0 & 0 & 0 & 0 \\ -1 & 0 & 0 & 0 \\ 0 & 0 & 1 & 0 \\ 0 & 0 & 0 & 1 \end{bmatrix} \tag{5-27}$$

3. 侧视图

将正三棱柱向 xOy 平面做正交投影得到侧视图。设正三棱柱上任意一点坐标用 $P(x,y,z)$ 表示,它在 xOy 平面上投影后坐标为 $P'(x',y',z')$。其中 $x'=x$,$y'=y$,$z'=0$。

$$\begin{bmatrix} x' \\ y' \\ z' \\ 1 \end{bmatrix}=\begin{bmatrix} x \\ y \\ 0 \\ 1 \end{bmatrix}=\begin{bmatrix} 1 & 0 & 0 & 0 \\ 0 & 1 & 0 & 0 \\ 0 & 0 & 0 & 0 \\ 0 & 0 & 0 & 1 \end{bmatrix}\begin{bmatrix} x \\ y \\ z \\ 1 \end{bmatrix}$$

投影变换矩阵为

$$\boldsymbol{M}_{xOy}=\begin{bmatrix} 1 & 0 & 0 & 0 \\ 0 & 1 & 0 & 0 \\ 0 & 0 & 0 & 0 \\ 0 & 0 & 0 & 1 \end{bmatrix}$$

为了在铅垂面(zOy 平面)内表示侧视图,需要将 xOy 平面绕 y 轴逆时针旋转 $90°$,旋转变换矩阵为

$$\boldsymbol{M}_{Ry}=\begin{bmatrix} \cos\dfrac{\pi}{2} & 0 & \sin\dfrac{\pi}{2} & 0 \\ 0 & 1 & 0 & 0 \\ -\sin\dfrac{\pi}{2} & 0 & \cos\dfrac{\pi}{2} & 0 \\ 0 & 0 & 0 & 1 \end{bmatrix}=\begin{bmatrix} 0 & 0 & 1 & 0 \\ 0 & 1 & 0 & 0 \\ -1 & 0 & 0 & 0 \\ 0 & 0 & 0 & 1 \end{bmatrix}$$

侧视图的变换矩阵为上面两个变换矩阵的乘积。

$$\boldsymbol{M}_{W}=\boldsymbol{M}_{Ry}\cdot\boldsymbol{M}_{xOy}=\begin{bmatrix}0&0&1&0\\0&1&0&0\\-1&0&0&0\\0&0&0&1\end{bmatrix}\begin{bmatrix}1&0&0&0\\0&1&0&0\\0&0&0&0\\0&0&0&1\end{bmatrix}$$

侧视图变换矩阵为

$$\boldsymbol{M}_{W}=\begin{bmatrix}0&0&0&0\\0&1&0&0\\-1&0&0&0\\0&0&0&1\end{bmatrix}\qquad(5\text{-}28)$$

从三视图的 3 个变换矩阵可以看出,三视图中的 x 坐标始终为 0,表明三视图均落在铅垂面 zOy 平面内,即将三维物体用 3 个二维视图来表示。使用上述三视图变换矩阵绘制的三视图如图 5-9(b)所示,三视图虽然位于同一平面内,但却彼此相连。可以将三视图相对于原点各平移一段距离,如图 5-10 中的 t_x、t_y、t_z 所示。这需要对三视图的变换矩阵再施加平移变换。其中主视图的平移参数是 $(0,t_y,t_z)$,俯视图的平移参数是 $(0,-t_x,t_z)$,侧视图的平移参数是 $(0,t_y,-t_x)$。

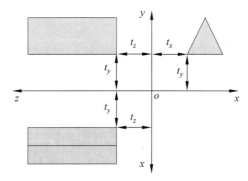

图 5-10 正三棱柱的标准三视图

主视图平移矩阵 $\boldsymbol{M}_{VT}=\begin{bmatrix}1&0&0&0\\0&1&0&t_y\\0&0&1&t_z\\0&0&0&1\end{bmatrix}$,俯视图平移矩阵 $\boldsymbol{M}_{HT}=\begin{bmatrix}1&0&0&0\\0&1&0&-t_x\\0&0&1&t_z\\0&0&0&1\end{bmatrix}$,

侧视图平移矩阵 $\boldsymbol{M}_{WT}=\begin{bmatrix}1&0&0&0\\0&1&0&t_y\\0&0&1&-t_x\\0&0&0&1\end{bmatrix}$。

则包含平移变换的三视图变换矩阵

$$\boldsymbol{M}_{V}=\begin{bmatrix}0&0&0&0\\0&1&0&t_y\\0&0&1&t_z\\0&0&0&1\end{bmatrix},\quad \boldsymbol{M}_{H}=\begin{bmatrix}0&0&0&0\\-1&0&0&-t_x\\0&0&1&t_z\\0&0&0&1\end{bmatrix},\quad \boldsymbol{M}_{W}=\begin{bmatrix}0&0&0&0\\0&1&0&t_y\\-1&0&0&-t_x\\0&0&0&1\end{bmatrix}\quad(5\text{-}29)$$

三视图是工程上常用的图样。由于具有长对正、高平齐、宽相等特点,机械工程中常用三视图来确定物体的尺寸。三视图本身缺乏立体感,只有将主视图、俯视图和侧视图综合在一起加以抽象,才能形成物体的三维全貌。图 5-11 所示的 3 组三视图中,虽然主视图和侧视图完全相同,但俯视图的细微差异却表示了三种不同结构的物体。

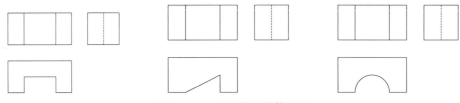

图 5-11　三视图确定物体形状

5.4.3　斜投影

将三维物体向投影面内作平行投影,但投影方向不垂直于投影面得到的投影称为斜投影,如图 5-12 所示。与正投影相比,斜投影的立体感强。斜投影也具有部分类似正投影的可测量性,平行于投影面的物体表面的长度和角度投影后保持不变。

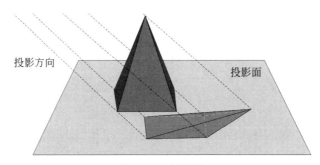

图 5-12　斜投影

斜投影的倾斜度可以由两个角来描述,如图 5-13 所示,投影面为 xOy 平面。空间一点 $P_1(x,y,z)$ 位于 z 轴的正向,该点在 xOy 平面上的斜投影坐标为 $P_2(x',y',0)$,该点的正交投影坐标为 $P_3(x,y,0)$,则 P_1P_3 垂直于 P_2P_3。过 P_3 点做 x 轴的平行线 PP_3,过 P_2

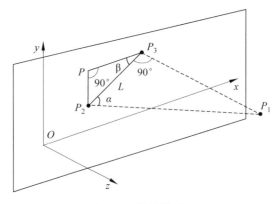

图 5-13　斜投影原理

点做 y 轴的平行线 P_2P，二者交于 P 点。设斜投影线与投影面的夹角为 α，即 P_1P_2 与 P_2P_3 的夹角为 α。P_2P_3 与 P_3P 的夹角为 β。设 P_2P_3 的长度为 L，在三角形 $P_1P_2P_3$ 中有 $L = z\cot\alpha$。

从图 5-13 中可以直接得出斜投影的坐标为

$$x' = x - L\cos\beta = x - z\cot\alpha\cos\beta$$
$$y' = y - L\sin\beta = y - z\cot\alpha\sin\beta$$

即

$$\begin{cases} x' = x - z\cot\alpha\cos\beta \\ y' = y - z\cot\alpha\sin\beta \end{cases} \tag{5-30}$$

齐次坐标矩阵表示为

$$\begin{bmatrix} x' \\ y' \\ z' \\ 1 \end{bmatrix} = \begin{bmatrix} 1 & 0 & -\cot\alpha\cos\beta & 0 \\ 0 & 1 & -\cot\alpha\sin\beta & 0 \\ 0 & 0 & 0 & 0 \\ 0 & 0 & 0 & 1 \end{bmatrix} \begin{bmatrix} x \\ y \\ z \\ 1 \end{bmatrix}$$

所以，斜投影变换矩阵为

$$\boldsymbol{M}_{\text{obl}} = \begin{bmatrix} 1 & 0 & -\cot\alpha\cos\beta & 0 \\ 0 & 1 & -\cot\alpha\sin\beta & 0 \\ 0 & 0 & 0 & 0 \\ 0 & 0 & 0 & 1 \end{bmatrix} \tag{5-31}$$

取 $\beta = 45°$，当 $\cot\alpha = 1$（投影方向与投影面成 $\alpha = 45°$ 的夹角）时，得到的斜投影是斜等测投影（cavalier projection）。这时，垂直于投影面的任何直线段的投影长度保持不变，即不存在透视缩小。将 α 和 β 代入式(5-30)，有

$$\begin{cases} x' = x - \dfrac{\sqrt{2}}{2}z = \text{x} - 0.707z \\ y' = y - \dfrac{\sqrt{2}}{2}z = y - 0.707z \end{cases} \tag{5-32}$$

则

$$\boldsymbol{M}_{\text{cav}} = \begin{bmatrix} 1 & 0 & -\dfrac{\sqrt{2}}{2} & 0 \\ 0 & 1 & -\dfrac{\sqrt{2}}{2} & 0 \\ 0 & 0 & 0 & 0 \\ 0 & 0 & 0 & 1 \end{bmatrix} \tag{5-33}$$

取 $\beta = 45°$，当 $\cot\alpha = 1/2$ 时，有 $\alpha \approx 63.4°$，得到的斜投影是斜二测投影（cabinet projection）。这时，垂直于投影面的任何直线段的投影长度为原来的一半。将 α 和 β 代入式(5-30)，有

$$\begin{cases} x' = x - \dfrac{\sqrt{2}}{4}z = x - 0.3536z \\ y' = y - \dfrac{\sqrt{2}}{4}z = y - 0.3536z \end{cases} \tag{5-34}$$

则

$$\boldsymbol{M}_{\mathrm{cab}}=\begin{bmatrix} 1 & 0 & -\dfrac{\sqrt{2}}{4} & 0 \\[2mm] 0 & 1 & -\dfrac{\sqrt{2}}{4} & 0 \\[2mm] 0 & 0 & 0 & 0 \\[1mm] 0 & 0 & 0 & 1 \end{bmatrix} \qquad (5\text{-}35)$$

式(5-32)与式(5-34)中,斜投影的 x 坐标和 y 坐标都与 z 坐标有关。可以用通式表示为

$$\begin{cases} x' = x - mz \\ y' = y - mz \end{cases} \qquad (5\text{-}36)$$

当 $m=\dfrac{\sqrt{2}}{2}=0.707$ 时,立方体的斜等测投影如图 5-14(a)所示;当 $m=\dfrac{\sqrt{2}}{4}=0.3536$ 时,斜二测投影如图 5-14(b)所示。从图中可以看出,斜二测投影比斜等测投影更真实些。这是因为斜二测的透视缩小系数为 1/2,与视觉经验一致。

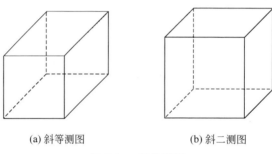

(a) 斜等测图   (b) 斜二测图

图 5-14　斜投影图

说明:图 5-14(a)和图 5-14(b)中所示三维坐标系中的 z 轴并不真正垂直于 xOy 坐标平面,而是用与 x 轴或 y 轴成 135° 夹角的虚拟轴代替,因此所绘制的图形也被称为准三维图形。

算法 21:斜投影算法

5.5　透　视　投　影

与平行投影相比,透视投影的特点是所有投影线都从空间一点(称为投影中心或视点)发出,离视点近的物体投影大,离视点远的物体投影小,小到极点就会消失,消失点称为灭点(vanishing point)。物体透视投影的大小与物体到投影中心的距离成反比,称为透视变形。生活中,照相机拍摄的照片,画家的写生画均是透视投影的例子。透视投影模拟了人眼观察物体的过程,具有透视缩小效应,符合视觉习惯,在真实感图形绘制中得到了广泛应用。

透视投影要求三元素:观察者、观察平面、物体,如图 5-15 所示。观察平面也称为视平面,通俗地讲就是屏幕。视平面位于视点与物体之间。视线与视平面的交点就是物体上一点的透视投影。观察者的眼睛位置称为视点,垂直于视平面的视线与视平面的交点称为视

心,视点到视心的距离称为视距(如果视点为照相机,则称焦距)。视点到物体的距离称为视径。视点是观察坐标系的原点。视心是屏幕坐标系的原点。视距常用 d 表示,视径常用 R 表示。基于扫描线算法的透视投影给出三个基本的假设:

(1) 观察者位于三维观察坐标系原点;

(2) 观察方向位于观察坐标系的正 z 方向;

(3) 屏幕坐标系中的 x 轴、y 轴与观察坐标系的 x 轴、y 轴同向。

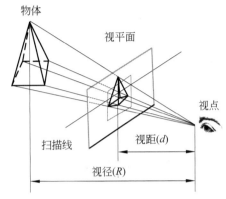

图 5-15　三维观察空间中的视点、视平面和物体的位置关系

5.5.1　透视投影坐标系

透视投影变换中,物体中心位于世界坐标系 $\{O_w; x_w, y_w, z_w\}$ 的原点 O_w,视点位于观察坐标系 $\{O_v; x_v, y_v, z_v\}$ 的原点 $O_v(a, b, c)$,屏幕中心位于屏幕坐标系 $\{O_s; x_s, y_s, z_s\}$ 的原点 O_s。3 个坐标系的关系如图 5-16 所示。这里,下标 w 表示世界(world),下标 v 表示视点(viewpoint),下标 s 表示屏幕(screen)。假设,世界坐标系中有一点 $P_w(x_w, y_w, z_w)$,在观察坐标系中表示为 $P_v(x_v, y_v, z_v)$,在屏幕坐标系中表示为 $P_s(x_s, y_s)$。

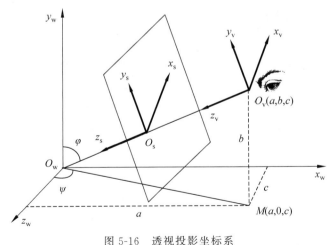

图 5-16　透视投影坐标系

1. 世界坐标系

世界坐标系 $\{O_w;x_w,y_w,z_w\}$ 为右手直角坐标系,坐标原点位于 O_w 点。视点的直角坐标为 $O_v(a,b,c)$,视点的球坐标表示为 $O_v(R,\varphi,\psi)$。O_wO_v 的长度为视径 R,O_wO_v 与 y_w 轴的夹角为 φ,O_v 点在 $x_wO_wz_w$ 平面内的投影为 $M(a,0,c)$,O_wM 与 z_w 轴的夹角为 ψ。视点的直角坐标与球面坐标的关系为

$$\begin{cases} a=R\sin\varphi\,\sin\psi \\ b=R\cos\varphi \\ c=R\sin\varphi\cos\psi \end{cases}, \quad 0\leqslant R<+\infty,0\leqslant\varphi\leqslant\pi,0\leqslant\psi\leqslant2\pi \tag{5-37}$$

2. 观察坐标系

观察坐标系 $\{O_v;x_v,y_v,z_v\}$ 为左手直角坐标系,坐标原点取在视点 O_v 上。z_v 轴沿着中心视线方向 O_vO_w 指向物体中心 O_w 点。相对于观察者而言,视线的正右方为 x_v 轴,视线的正上方为 y_v 轴。

3. 屏幕坐标系

屏幕坐标系 $\{O_s;x_s,y_s,z_s\}$ 也是左手直角坐标系,坐标原点 O_s 位于视心。屏幕坐标系的 x_s 和 y_s 轴与观察坐标系的 x_v 轴和 y_v 轴方向一致,也就是说屏幕垂直于中心视线,z_s 轴自然与 z_v 轴重合。

5.5.2 世界坐标系到观察坐标系的变换

假设视点位于屏幕前方,视径为 R,视距为 d,则视点在世界坐标系中的坐标为 $O_v(0,0,R)$,这一点正是观察坐标系的原点。观察坐标系与世界坐标系的关系如图 5-17 所示。

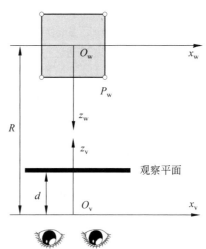

(a) 示意图   (b) P_w 点在观察坐标系中的表示

图 5-17   视点位于屏幕正前方

物体上一点的坐标为 $P_w(x_w,y_w,z_w)$,观察坐标系中表示为 $P_v(x_v,y_v,z_v)$。

$$\begin{cases} x_v=x_w \\ y_v=y_w \\ z_v=R-z_w \end{cases} \tag{5-38}$$

5.5.3 观察坐标系到屏幕坐标系的变换

虽然已经将描述物体的参考系从世界坐标系变换为观察坐标系,但还不能在屏幕上绘制出物体的透视投影。这需要进一步将观察坐标系中描述的物体,以视点为中心投影到屏幕坐标系。图 5-18 中屏幕坐标系为左手系,且 z_s 轴与 z_v 轴同向。视点 O_v 与视心 O_s 的距离为视距 d。假定世界坐标系中的一点 $P_w(x_w,y_w,z_w)$,在观察坐标系中表示为 $P_v(x_v,y_v,z_v)$。视线 O_vP_v 与屏幕的交点在观察坐标系中表示为 $P_s(x_v,y_v,d)$,在屏幕坐标系中,$P_s(x_v,y_v,d)$ 表示为 $P_s(x_s,y_s,0)$,代表了物体上的 $P_w(x_w,y_w,z_w)$ 点在屏幕上的透视投影。用直线连接物体表面顶点在屏幕上的投影点,就得到物体的透视投影线框图。

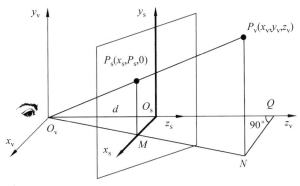

图 5-18 透视投影变换

由点 P_v 向 $x_vO_vz_v$ 平面内作垂线交于 N 点,再由 N 点向 z_v 轴作垂线交于 Q 点。连接 O_vN 交 x_s 轴于 M 点。

直角三角形 MO_vO_s 与直角三角形 NO_vQ 相似,有

$$\frac{MO_s}{NQ} = \frac{O_vO_s}{O_vQ} \tag{5-39}$$

$$\frac{O_vM}{O_vN} = \frac{O_vO_s}{O_vQ} \tag{5-40}$$

直角三角形 P_sO_vM 与直角三角形 P_vO_vN 相似,有

$$\frac{P_sM}{P_vN} = \frac{O_vM}{O_vN} \tag{5-41}$$

由式(5-40)与式(5-41)得到

$$\frac{P_sM}{P_vN} = \frac{O_vO_s}{O_vQ} \tag{5-42}$$

将式(5-39)写成坐标形式

$$\frac{x_s}{x_v} = \frac{d}{z_v} \tag{5-43}$$

将式(5-42)写成坐标形式

$$\frac{y_s}{y_v} = \frac{d}{z_v} \tag{5-44}$$

于是有

$$
\begin{cases}
x_s = d\, \dfrac{x_v}{z_v} \\[2mm]
y_s = d\, \dfrac{y_v}{z_v}
\end{cases}
\tag{5-45}
$$

观察坐标系内的点$[x_v \quad y_v \quad z_v \quad 1]^T$与透视投影变换矩阵相乘产生一般齐次坐标点 $[X \quad Y \quad Z \quad W]^T$，即

$$
\begin{bmatrix} X \\ Y \\ Z \\ W \end{bmatrix}
=
\begin{bmatrix}
1 & 0 & 0 & 0 \\
0 & 1 & 0 & 0 \\
0 & 0 & 0 & 0 \\
0 & 0 & 0 & 1
\end{bmatrix}_{\text{Pro}}
\begin{bmatrix}
1 & 0 & 0 & 0 \\
0 & 1 & 0 & 0 \\
0 & 0 & 1 & 0 \\
0 & 0 & 1/d & 0
\end{bmatrix}_{\text{Per}}
\begin{bmatrix} x_v \\ y_v \\ z_v \\ 1 \end{bmatrix}
\tag{5-46}
$$

令 $\boldsymbol{M}_{\text{Pro}} = \begin{bmatrix} 1 & 0 & 0 & 0 \\ 0 & 1 & 0 & 0 \\ 0 & 0 & 0 & 0 \\ 0 & 0 & 0 & 1 \end{bmatrix}$ 为投影矩阵，$\boldsymbol{M}_{\text{Per}} = \begin{bmatrix} 1 & 0 & 0 & 0 \\ 0 & 1 & 0 & 0 \\ 0 & 0 & 1 & 0 \\ 0 & 0 & 1/d & 0 \end{bmatrix}$ 为透视矩阵，则透视投影矩

阵为

$$
\boldsymbol{M}_s = \boldsymbol{M}_{\text{Pro}} \cdot \boldsymbol{M}_{\text{Per}} =
\begin{bmatrix}
1 & 0 & 0 & 0 \\
0 & 1 & 0 & 0 \\
0 & 0 & 0 & 0 \\
0 & 0 & 1/d & 0
\end{bmatrix}
\tag{5-47}
$$

在 5.1.1 节曾经介绍过，三维几何变换分成 4 个子矩阵，其中子矩阵 $\boldsymbol{M}_3 = [p \quad q \quad r]$ 进行的是透视投影变换。这里 $r = 1/d$。当投影中心位于无穷远处时，透视投影转化为平行投影。即 $d \to \infty$ 时，$r \to 0$。

$$
\begin{bmatrix} X \\ Y \\ Z \\ W \end{bmatrix}
=
\begin{bmatrix}
1 & 0 & 0 & 0 \\
0 & 1 & 0 & 0 \\
0 & 0 & 0 & 0 \\
0 & 0 & 1/d & 0
\end{bmatrix}
\begin{bmatrix} x_v \\ y_v \\ z_v \\ 1 \end{bmatrix}
=
\begin{bmatrix} x_v \\ y_v \\ 0 \\ \dfrac{z_v}{d} \end{bmatrix}
\tag{5-48}
$$

现在，用式(5-48)除以 W，其中 $W = z_v/d$，得到屏幕坐标系的二维坐标为

$$
\begin{bmatrix} x_s & y_s & 0 & 1 \end{bmatrix}^T
= \begin{bmatrix} \dfrac{X}{W} & \dfrac{Y}{W} & \dfrac{Z}{W} & 1 \end{bmatrix}^T
= \begin{bmatrix} d\,\dfrac{x_v}{z_v} & d\,\dfrac{y_v}{z_v} & 0 & 1 \end{bmatrix}^T
\tag{5-49}
$$

上式的结论同式(5-45)。分两步实施透视投影，先将世界坐标系中的三维点 P_w 变换为观察坐标系中的三维点 P_v，再将 P_v 点变换为屏幕坐标系中的二维点 P_s。

算法 22：透视投影算法

5.5.4 透视投影分类

在透视投影中，平行于屏幕的平行线投影后仍保持平行，不与屏幕平行的平行线投影后汇聚为灭点，灭点是无限远点在屏幕上的投影。每一组平行线都有其不同的灭点。一般来说，三维物体中有多少组平行线就有多少个灭点。坐标轴上的灭点称为主灭点。因为世界

坐标系有 x、y、z 这 3 个坐标轴,所以主灭点最多有 3 个。当某个坐标轴与屏幕平行时,则该坐标轴方向的平行线在屏幕上的投影仍保持平行,不形成灭点。透视投影中主灭点数目由屏幕切割世界坐标系的坐标轴数量来决定,并据此将透视投影分为一点透视、二点透视和三点透视。一点透视有一个主灭点,即屏幕仅与一个坐标轴正交,与另外两个坐标轴平行;二点透视有两个主灭点,即屏幕仅与两个坐标轴相交,与另一个坐标轴平行;三点透视有 3 个主灭点,即屏幕与 3 个坐标轴都相交,如图 5-19 所示。

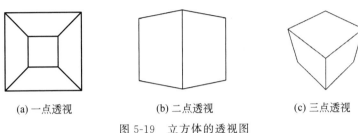

| (a) 一点透视 | (b) 二点透视 | (c) 三点透视 |

图 5-19　立方体的透视图

由于本书主要采用双缓冲动画技术绘制任意视向物体的透视投影,所以将不再细分一点透视、二点透视和三点透视。

5.6　三维屏幕坐标系

如果简单地使用式(5-49)来生成物体的透视图可能会产生问题:图 5-20 中,沿着 z_v 方向的一条视线(或称为投影线)上,如果同时有多个点 Q 和 R,它们在屏幕上的投影均为 P,也就是说 Q、R 点在屏幕上具有相同的坐标 (x_s, y_s),但是 Q、R 点离视点 O_v 的距离不同,Q 点对 R 点形成遮挡。仅使用二维平面坐标 (x_s, y_s) 无法区分这两个点哪个在前,哪个在后,也就无法确定它们沿视点方向的遮挡关系。在透视投影中,投影线是从原点向外扩散。必须判断 $\dfrac{x_q}{z_q} = \dfrac{x_r}{z_r}$ 和 $\dfrac{y_q}{z_q} = \dfrac{y_r}{z_r}$,才能确定 P 点和 Q 点位于同一条投影线上。用二维屏幕坐标系中的平面坐标 (x_s, y_s) 绘制三维立体的透视图时,还缺少透视投影的深度坐标信息。为此,需要建立三维屏幕坐标系。在绘制真实感场景时,常使用物体的深度值进行表面消隐,也就是说需要计算物体在三维屏幕坐标系中的 z_s 坐标,即透视深度。z_s 也被称为伪深度。

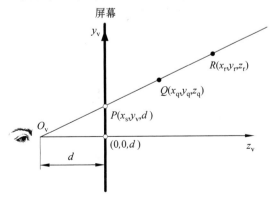

图 5-20　透视投影中的深度信息

早在 1970 年，Bouknight 就计算了伪深度，给出的屏幕坐标系三维坐标计算公式为

$$
\begin{cases}
x_s = d \dfrac{x_v}{z_v} \\[2mm]
y_s = d \dfrac{y_v}{z_v} \\[2mm]
z_s = (z_v - d) \dfrac{d}{z_v}
\end{cases}
\tag{5-50}
$$

其中，(x_s, y_s, z_s) 为三维屏幕坐标，其中 z_s 为伪深度。

从三维观察坐标系向三维屏幕坐标系的映射中，z_s 之所以被称为"伪深度"，是因为不能保证 z_s 坐标不变，只能保持相对深度关系不变。

5.7 本 章 小 结

在真实感场景中，三维物体的动画主要通过三维几何变换来完成，特别是绕 3 个坐标轴的旋转变换矩阵。本章另一个知识点是三维物体投影变换的问题。投影矩阵也用 4×4 的齐次坐标表示，就是将投影表达为变换，这样就能和其他变换矩阵相连接。三维投影中最简单的投影方式是正交投影，直接采用物体的 x 和 y 坐标绘制。在斜投影中，z 坐标对 x 坐标和 y 坐标产生线性影响。透视投影中，x 坐标和 y 坐标与深度坐标 z 成反比，使得物体的透视投影呈现近大远小的效果。在三维屏幕坐标系中计算了物体透视投影的伪深度，其绝对深度可以使用观察坐标系内的 z_v 来表示，但由于观察坐标系内的 z_v 值尚未进行透视变换，其取值具有不规范的缺陷。一般在屏幕坐标系中计算伪深度。

习 题 5

1. 长方体如图 5-21 所示，8 个坐标分别为 $O(0,0,0)$，$A(3,0,0)$，$B(0,2,0)$，$C(0,0,2)$，$D(3,2,0)$，$E(0,2,2)$，$F(3,0,2)$，$G(3,2,2)$。试对长方体进行 $S_x = 1/3$，$S_y = 1/2$，$S_z = 1/2$ 的比例变换，求变换后的长方体各顶点坐标。

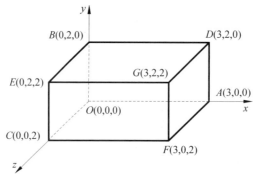

图 5-21　长方体比例变换

2. 四面体的顶点坐标为 $A(2,0,0)$，$B(0,0,2)$，$C(2,0,2)$，$D(2,2,2)$，如图 5-22 所示，求解：

（1）关于点 $D(2,2,2)$ 整体放大 2 倍的变换矩阵。

（2）变换后的四面体顶点坐标。

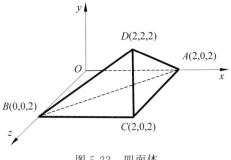

图 5-22　四面体

3. 图 5-23 中,立方体"前面"的顶点为 $P_4P_5P_6P_7$,"后面"的顶点为 $P_0P_1P_2P_3$,其中 $P_0(-1,-1,-1)$,$P_6(1,1,1)$。对立方体施加错切变换可以绘制斜投影图。当 $m=-0.3536$ 时,斜二测投影就是将立方体的"前面"离开 z 轴,沿 $-x$ 方向移动 m 的距离;同时将"前面"离开 z 轴,沿 $-y$ 方向移动 m 的距离。试计算立方体的斜二测投影顶点坐标,并绘制立方体的斜二测投影图。

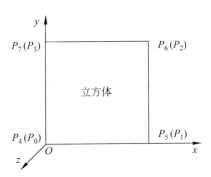

图 5-23　立方体的错切变换

4. 通过相对于任意方向的三维几何变换,计算立方体绕绕体对角线 $\overrightarrow{P_0P_6}$ 逆时针方向旋转 30°的分步变换矩阵,如图 5-24 所示。

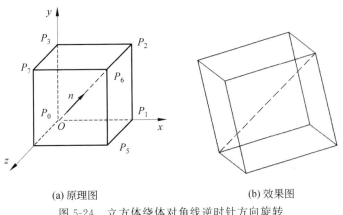

(a) 原理图　　　　　　　　　　　(b) 效果图

图 5-24　立方体绕体对角线逆时针方向旋转

5. 立方体在三维坐标系内的定义如图 5-25 所示,其中 P_0 点坐标为 $(-1,-1,-1)$,P_6 点坐标为 $(1,1,1)$。

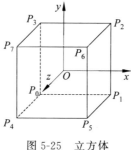

图 5-25 立方体

(1) 假定视点位于 z 轴正向,且视径 $R=10$,试在观察坐标系中计算立方体的顶点坐标。

(2) 保持视点位置不变,假定视距 $d=5$,试计算立方体透视投影后的二维顶点坐标。

(3) 用 Bouknight 公式计算立方体顶点的伪深度。

第6章 自由曲线与曲面

工业产品的几何形状大致可分为两类：一类由初等解析曲面，如平面、圆柱面、圆锥面、球面和圆环面等组成，可以用初等解析函数完全清楚地表达全部形状。另一类由自由曲面组成，如汽车车身、飞机机翼和轮船船体等曲面，如图6-1所示，不能用初等解析函数完全清楚地表达全部形状，需要构造新的函数来进行研究，这些研究成果形成了计算机辅助几何设计（computer aided geometric design，CAGD）学科。20世纪六七十年代，Bezier曲线和曲面、B样条曲线和NURBS曲线曲面等设计方法相继提出，并在汽车、航空和造船等行业得到了广泛应用。

图6-1 汽车曲面

6.1 基 本 概 念

曲线与曲面可以采用显式方程、隐式方程和参数方程表示。由于参数表示的曲线与曲面具有几何不变性等优点，计算机图形学中常采用参数方程描述。

6.1.1 曲线与曲面的表示形式

已知直线段的起点坐标 $P_0(x_0,y_0)$ 和终点坐标 $P_1(x_1,y_1)$，$P(t)$ 为直线上的任意一点。

1. 显式表示

显式表示是将因变量用自变量表示，直线的显式表示如下：

$$y = y_0 + \frac{y_1 - y_0}{x_1 - x_0}(x - x_0)$$

2. 隐式表示

直线的隐式表示如下：

$$f(x,y) = y - y_0 - \frac{y_1 - y_0}{x_1 - x_0}(x - x_0) = 0$$

3. 参数表示

参数表示是指以自变量 t 为参数来表示曲线上的点。直线的参数表示如下：

$$p(t) = (1-t)P_0 + tP_1, \quad t \in [0,1]$$

由于用参数方程表示的曲线曲面可以直接进行几何变换，而且易于表示成向量和矩阵，所以在计算机图形学中一般使用参数方程来描述曲线与曲面。下面以一段空间三次曲线为例，给出参数方程的向量表示和矩阵表示。

参数方程表示

$$\begin{cases} x(t) = a_x t^3 + b_x t^2 + c_x t + d_x \\ y(t) = a_y t^3 + b_y t^2 + c_y t + d_y, \\ z(t) = a_z t^3 + b_z t^2 + c_z t + d_z \end{cases} \quad t \in [0,1]$$

向量表示

$$p(t) = at^3 + bt^2 + ct + d, \quad t \in [0,1]$$

矩阵表示

$$p(t) = \begin{bmatrix} t^3 & t^2 & t & 1 \end{bmatrix} \begin{bmatrix} a \\ b \\ c \\ d \end{bmatrix}, \quad t \in [0,1]$$

6.1.2 插值与逼近

当用一组数据点来指定曲线的形状时，曲线精确地通过给定的数据点且形成光滑的曲线，称为曲线的插值，如图 6-2 所示。

当用一组控制点来指定曲线的形状时，曲线被每个控制点所吸引，但实际上并不经过这些控制点，称为曲线的逼近，如图 6-3 所示。

插值与逼近统称为拟合。

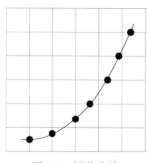

图 6-2　插值曲线

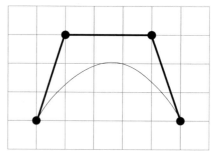

图 6-3　逼近曲线

6.1.3 连续性条件

通常单一的曲线段或曲面片表示的形状过于简单，必须将一些曲线段拼接成组合曲线，或将一些曲面片拼接成组合曲面，才能表达复杂的形状。为了保证在结合点处光滑过渡，需要满足连续性条件。连续性条件有两种：参数连续性与几何连续性。

1. 参数连续性

零阶参数连续性，记作 C^0，指相邻两段曲线在结合点处具有相同的坐标，如图 6-4 所示。

一阶参数连续性，记作 C^1，指相邻两段曲线在结合点处具有相同的一阶导数，如图 6-5 所示。

二阶参数连续性，记作 C^2，指相邻两段曲线在结合点处具有相同的一阶导数和二阶导数，如图 6-6 所示。

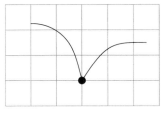 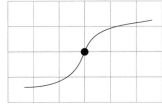 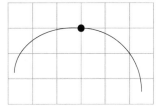

图 6-4　零阶连续性　　　　　图 6-5　一阶连续性　　　　　图 6-6　二阶连续性

2. 几何连续性

与参数连续性不同的是，几何连续性只要求参数成比例，而不是相等。

零阶几何连续性，记作 G^0，与零阶参数连续性相同，即相邻两段曲线在结合点处有相同的坐标。

一阶几何连续性，记作 G^1，指相邻两段曲线在结合点处的一阶导数成比例，但大小不一定相等。

二阶几何连续性，记作 G^2，指相邻两段曲线在结合点处的一阶导数和二阶导数成比例，即曲率一致，但大小不一定相等。

在曲线和面造型中，一般只使用 C^1、C^2 和 G^1、G^2 连续，一阶导数反映了曲线对参数 t 的变化速度，二阶导数反映了曲线对参数 t 变化的加速度。通常 C^1 连续性能保证 G^1 连续性，但反过来不成立。

6.2　Bezier 曲线

由于几何外形设计的要求越来越高，传统的曲线表示方法已经不能满足用户的需要。Bezier 曲线于 1962 年由法国雷诺汽车公司的工程师 Bezier 发表，主要应用于汽车的外形设计。虽然 Bezier 曲线早在 1959 年便由法国雪铁龙汽车公司的 de Casteljau 运用递推算法开发成功，但是 Bezier 却给出了详细的曲线计算公式。Bezier 的想法从一开始就面向几何而不是面向代数。Bezier 曲线由控制多边形唯一定义。控制多边形的第一个顶点和最后一个顶点位于曲线上，多边形的第一条边和最后一条边表示了曲线在起点和终点的切向量方向，其他顶点则用于定义曲线的导数、阶次和形状。曲线的形状趋近于控制多边形并位于多边形所构成的凸包内，改变控制多边形的顶点位置就会改变曲线的形状。Bezier 曲线的直观交互性使得对设计对象的逼近达到了直接的几何化程度，使用起来非常方便。一些不同形状的 Bezier 曲线如图 6-7 所示。

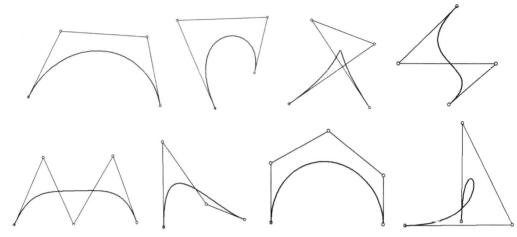

图 6-7 不同形状的 Bezier 曲线

6.2.1 Bezier 曲线的定义

给定 $n+1$ 个控制点 $P_i(i=0,1,2,\cdots,n)$，则 n 次 Bezier 曲线定义为

$$p(t)=\sum_{i=0}^{n}P_iB_{i,n}(t),\quad t\in[0,1] \tag{6-1}$$

式中，$P_i(i=0,1,2,\cdots,n)$ 是控制多边形的 $n+1$ 个控制点。$B_{i,n}(t)$ 是 Bernstein 基函数，其表达式为

$$B_{i,n}(t)=\frac{n!}{i!\ (n-i)!}t^i\ (1-t)^{n-i}=C_n^it^i\ (1-t)^{n-i},\quad i=0,1,2,\cdots,n \tag{6-2}$$

式中 $0^0=1,0!=1$。

从式(6-1)可以看出，Bezier 函数是控制点关于 Bernstein 基函数的加权和。Bezier 曲线的次数为 n，需要 $n+1$ 个顶点来定义。在工程项目中，最常用的是三次 Bezier 曲线，其次是二次 Bezier 曲线，高次 Bezier 曲线一般很少使用。

1. 一次 Bezier 曲线

当 $n=1$ 时，Bezier 曲线的控制多边形有两个控制点 P_0 和 P_1，Bezier 曲线是一次多项式，称为一次 Bezier 曲线(linear bezier curve)。

$$p(t)=\sum_{i=0}^{1}P_iB_{i,1}(t)=(1-t)P_0+tP_1,\quad t\in[0,1]$$

写成矩阵形式为

$$p(t)=\begin{bmatrix}t & 1\end{bmatrix}\begin{bmatrix}-1 & 1 \\ 1 & 0\end{bmatrix}\begin{bmatrix}P_0 \\ P_1\end{bmatrix},\quad t\in[0,1] \tag{6-3}$$

其中，Bernstein 基函数为 $B_{0,1}(t)=1-t$，$B_{1,1}(t)=t$。

容易看出，一次 Bezier 曲线是连接起点 P_0 和终点 P_1 的直线段。

2. 二次 Bezier 曲线

当 $n=2$ 时，Bezier 曲线的控制多边形有 3 个控制点 P_0、P_1 和 P_2，Bezier 曲线是二次多

项式,称为二次 Bezier 曲线(quadratic bezier curve)。

$$p(t) = \sum_{i=0}^{2} P_i B_{i,2}(t)$$

$$= (1-t)^2 P_0 + 2t(1-t)P_1 + t^2 P_2$$

$$= (t^2 - 2t + 1)P_0 + (-2t^2 + 2t)P_1 + t^2 P_2, \quad t \in [0,1] \tag{6-4}$$

写成矩阵形式为

$$p(t) = \begin{bmatrix} t^2 & t & 1 \end{bmatrix} \begin{bmatrix} 1 & -2 & 1 \\ -2 & 2 & 0 \\ 1 & 0 & 0 \end{bmatrix} \begin{bmatrix} P_0 \\ P_1 \\ P_2 \end{bmatrix}, \quad t \in [0,1] \tag{6-5}$$

其中,Bernstein 基函数为 $B_{0,2}(t) = t^2 - 2t + 1, B_{1,2}(t) = -2t^2 + 2t, B_{2,2}(t) = t^2$。

可以证明,二次 Bezier 曲线是一段起点在 P_0,终点在 P_2 的抛物线,如图 6-8 所示。

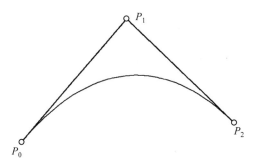

图 6-8　二次 Bezier 曲线

3. 三次 Bezier 曲线

当 $n=3$ 时,Bezier 曲线的控制多边形有 4 个控制点 P_0、P_1、P_2 和 P_3,Bezier 曲线是三次多项式,称为三次 Bezier 曲线(cubic bezier curve)。

$$p(t) = \sum_{i=0}^{3} P_i B_{i,3}(t)$$

$$= (1-t)^3 P_0 + 3t(1-t)^2 P_1 + 3t^2(1-t)P_2 + t^3 P_3$$

$$= (-t^3 + 3t^2 - 3t + 1)P_0 + (3t^3 - 6t^2 + 3t)P_1$$

$$+ (-3t^3 + 3t^2)P_2 + t^3 P_3, \quad t \in [0,1] \tag{6-6}$$

写成矩阵形式为

$$p(t) = \begin{bmatrix} t^3 & t^2 & t & 1 \end{bmatrix} \begin{bmatrix} -1 & 3 & -3 & 1 \\ 3 & -6 & 3 & 0 \\ -3 & 3 & 0 & 0 \\ 1 & 0 & 0 & 0 \end{bmatrix} \begin{bmatrix} P_0 \\ P_1 \\ P_2 \\ P_3 \end{bmatrix}, \quad t \in [0,1] \tag{6-7}$$

其中,Bernstein 基函数为 $B_{0,3}(t) = (1-t)^3, B_{1,3}(t) = 3t(1-t)^2, B_{2,3}(t) = 3t^2(1-t),$ $B_{3,3}(t) = t^3$。如图 6-9 所示。这 4 条曲线都是三次多项式,在整个区间[0,1]上都不为 0。这说明不能对曲线的形状进行局部调整,如果改变某一控制点位置,整段曲线都将受到影响。一般将函数值不为 0 的区间称为曲线的支撑。三次 Bezier 曲线是一段自由曲线,如图 6-10 所示。

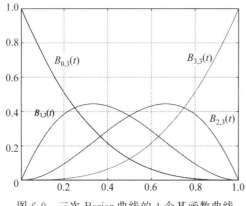

图 6-9 三次 Bezier 曲线的 4 个基函数曲线

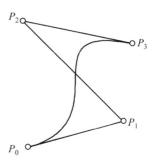

图 6-10 三次 Bezier 曲线

对比二次和三次 Bezier 曲线可以看出,二次 Bezier 曲线无论怎样调整控制点都不可能使曲线产生拐点,而三次 Bezier 曲线则很容易做到。显然,二次 Bezier 曲线的"刚性"有余而"柔性"不足。因而,三次 Bezier 曲线的应用更为广泛。

6.2.2 Bezier 曲线的性质

一段 n 次 Bezier 曲线可表示为＋1 个控制点的加权和,权即是 Bernstein 基函数,因此 Bernstein 基函数的性质决定了 Bezier 曲线的性质。

1. 端点性质

在闭区间[0,1]内,当 $t=0$ 时,$P(0)=P_0$;当 $t=1$ 时,$P(1)=P_n$。说明 Bezier 曲线的首末端点分别位于控制多边形的起点 P_0 和终点 P_n 上。

2. 端点切矢

对 Bezier 曲线求导,有

$$p'(t)=n\sum_{i=0}^{n-1}P_i(B_{i-1,n-1}(t)-B_{i,n-1}(t))$$

$$=n\sum_{i=1}^{n-1}(P_i-P_{i-1})B_{i-1,n-1}(t),\quad t\in[0,1]$$

代入 $t=0$ 和 $t=1$,有

$$p'(0)=n(P_1-P_0),\quad p'(1)=n(P_n-P_{n-1}) \tag{6-8}$$

这说明 Bezier 曲线的首末端点的一阶导矢分别位于控制多边形的起始边和终止边的切线方向上,模长是其 t 倍。三次 Bezier 曲线的端点性质与一阶导矢如图 6-11 所示。

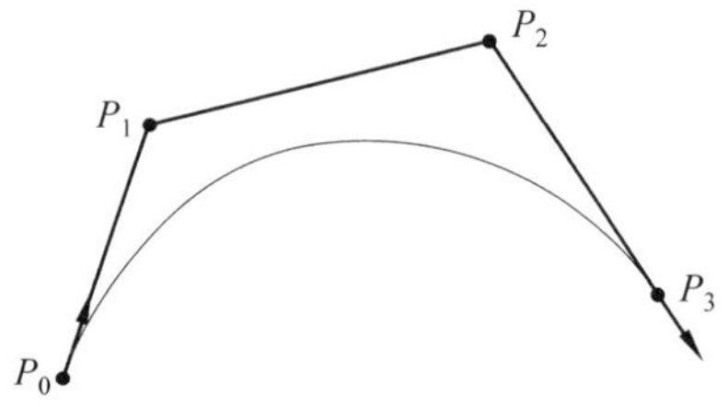

更进一步的结论:

$$p''(0)=n(n-1)[(P_2-P_1)-(P_1-P_0)]$$

$$p''(1)=n(n-1)[(P_n-P_{n-1})-(P_{n-1}-P_{n-2})]$$

图 6-11 端点性质与一阶导矢

这说明 Bezier 曲线在首末端点的二阶导矢分别取决于最开始的 3 个控制点和最后的 3 个控制点。事实上,r 阶导矢只与($r+1$)个相邻控制点有关,与其余控制点无关。

3. 对称性

由基函数的对称性可得

$$\sum_{i=0}^{n} P_i B_{i,n}(t) = \sum_{i=0}^{n} P_{n-i} B_{n-i,n}(1-t), \quad t \in [0,1] \tag{6-9}$$

这说明保持 n 次 Bezier 曲线的控制顶点位置不变,而把次序颠倒过来,即下标为 i 的控制点 P_i 改为下标为 $n-i$ 的控制点 P_{n-i},构造出的新 Bezier 曲线与原 Bezier 曲线形状相同,但走向相反。这说明,Bezier 曲线在起点处有什么样的性质,在终点处也有相同的性质,如图 6-12 所示。

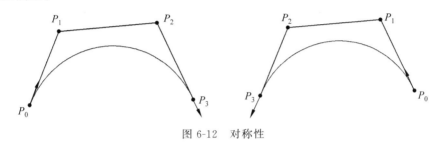

图 6-12　对称性

4. 凸包性质

由 Bernstein 基函数的正性和权性可知,在闭区间 $[0,1]$ 内,$B_{i,n}(t) \geq 0$,而且 $\sum_{i=0}^{n} B_{i,n}(t) \equiv 1$。

这说明 Bezier 曲线位于控制多边形构成的凸包之内,而且永远不会超出凸包的范围,如图 6-13 所示。

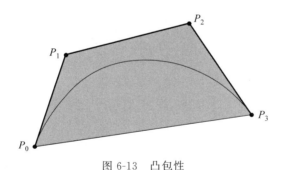

图 6-13　凸包性

5. 几何不变性

Bezier 曲线的位置和形状与控制多边形的顶点 $P_i (i=0,1,2,\cdots,n)$ 的位置有关,而不依赖于坐标系的选择。

6. 仿射不变性

对 Bezier 曲线所做的任意仿射变换,相当于先对控制多边形顶点做变换,再根据变换后的控制多边形顶点绘制 Bezier 曲线。对于仿射变换 A,有

$$A[p(t)] = \sum_{i=0}^{n} A[P_i] B_{i,n}(t) \tag{6-10}$$

7. 变差缩减性

如果控制多边形是一个平面图形,则平面内的任意直线与 Bezier 曲线的交点个数不多于该直线与控制多边形的交点个数,这称为变差缩减性,如图 6-14 所示。这个性质意味着如果控制多边形没有摆动,那么曲线也不会摆动,也就是说 Bezier 曲线比控制多边形的折线更加光滑。

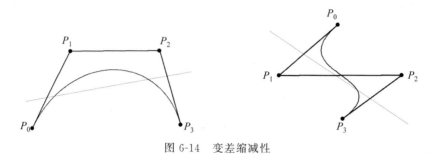

图 6-14 变差缩减性

6.2.3 de Casteljau 递推算法

de Casteljau 提出的递推算法不依赖于式(6-1),用几何方法可以绘制 Bezier 曲线。

1. 递推公式

给定空间 $n+1$ 个控制点 $P_i(i=0,1,2,\cdots,n)$ 及参数 t,de Casteljau 递推算法表述为

$$P_i^r(t)=(1-t)P_i^{r-1}(t)+tP_{i+1}^{r-1}(t) \tag{6-11}$$

其中,$r=1,2,\cdots,n$;$i=0,1,\cdots,n-r$;$t\in[0,1]$;r 为递推次数,$P_i^0=P_i$,$P_i^r(t)$ 是 Bezier 曲线上参数为 t 的点。

当 $n=3$ 时,有

$$\begin{cases} r=1, & i=0,1,2 \\ r=2, & i=0,1 \\ r=3, & i=0 \end{cases}$$

三次 Bezier 曲线递推如下:

$$\begin{cases} P_0^1(t)=(1-t)P_0^0(t)+tP_1^0(t) \\ P_1^1(t)=(1-t)P_1^0(t)+tP_2^0(t) \\ P_2^1(t)=(1-t)P_2^0(t)+tP_3^0(t) \end{cases}$$

$$\begin{cases} P_0^2(t)=(1-t)P_0^1(t)+tP_1^1(t) \\ P_1^2(t)=(1-t)P_1^1(t)+tP_2^1(t) \end{cases}$$

$$P_0^3(t)=(1-t)P_0^2(t)+tP_1^2(t)$$

定义 Bezier 曲线的控制点编号为 P_i^r,其中 r 为递推次数。de Casteljau 已经证明,当 $r=n$ 时,P_0^n 表示 Bezier 曲线上的点。对式(6-11)编程,可以绘制 n 次 Bezier 曲线。

2. 几何作图法

下面以 $n=3$ 的三次 Bezier 曲线为例,讲解 de Casteljau 算法的几何作图分法。取 $t=0$,$t=1/3$,$t=2/3$,$t=1$,依次进行递推,递推点 P_0^3 的运动轨迹形成 Bezier 曲线。图 6-15(a)绘制的是 $t=1/3$ 的点。图 6-15(b)绘制的是 $t=2/3$ 的点。当 t 在$[0,1]$区间内连续变化时,使用

直线段连接控制多边形凸包内的所有 P_0^3 点,可以绘制出三次 Bezier 曲线,如图 6-16 所示。

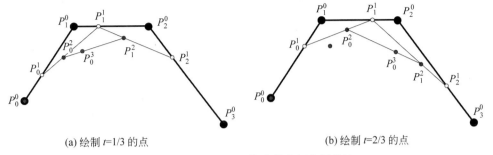

(a) 绘制 $t=1/3$ 的点　　　　　　　　　(b) 绘制 $t=2/3$ 的点

图 6-15　de Casteljau 算法的几何作图分法

de Casteljau 算法递推出的 P_i^r 呈直角三角形,当 $n=3$ 时,如图 6-17 所示。

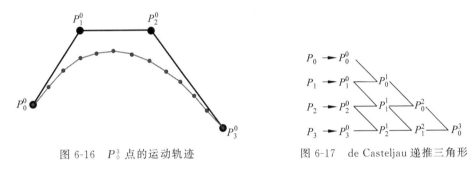

图 6-16　P_0^3 点的运动轨迹　　　　　　图 6-17　de Casteljau 递推三角形

算法 23:三次 Bezier 曲线算法

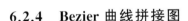

6.2.4　Bezier 曲线拼接图

对于复杂曲线,工程中常采用二次或三次 Bezier 曲线段拼接起来进行拟合,并在结合处要求曲线光滑连接。假设两段三次 Bezier 曲线分别为 $p(t)$ 和 $q(t)$,其控制多边形的顶点分别为 P_0、P_1、P_2、P_3 和 Q_0、Q_1、Q_2、Q_3。如果光滑拼接两段三次 Bezier 曲线,则要求 Q_1、$Q_0(P_3)$ 和 P_2 三点共线,且 Q_1 和 P_2 位于 $Q_0(P_3)$ 的两侧。假如图形闭合,则也要求 P_1、$P_0(Q_3)$ 和 Q_2 三点共线,且 P_1 和 Q_2 位于 $P_0(Q_3)$ 的两侧。图 6-18 由两段三次 Bezier 曲线 $p(t)$ 和 $q(t)$ 拼接而成。

使用一段三次 Bezier 曲线可模拟 1/4 单位圆弧,如图 6-19 所示。假定,$P_0^0(P_0)$ 的坐标为 $(0,1)$,$P_1^0(P_1)$ 的坐标为 $(m,1)$,$P_2^0(P_2)$ 的坐标为 $(1,m)$,$P_3^0(P_3)$ 的坐标为 $(1,0)$。下面来计算 m。

第一种方法:根据 de Casteljau 细分算法,由于 P_0^1 是 P_0^0 点和 P_1^0 的中点,所以取 $t=\dfrac{1}{2}$,则 P_0^1 的坐标为 $\left(\dfrac{m}{2},1\right)$。同理,$P_2^1$ 的坐标为 $\left(1,\dfrac{m}{2}\right)$,$P_1^1$ 是 P_1^0 和 P_2^0 的中点,坐标为 $\left(\dfrac{m+1}{2},\dfrac{m+1}{2}\right)$。采用类似的方法,进行计算下一级细分。$P_0^2$ 的坐标为 $\left(\dfrac{2m+1}{4},\dfrac{m+3}{4}\right)$,$P_1^2$ 的坐标为 $\left(\dfrac{m+3}{4},\dfrac{2m+1}{4}\right)$。$P_0^3$ 点为 P_0^2 和 P_1^2 的中点坐标,坐标为 $\left(\dfrac{3m+4}{8},\dfrac{3m+4}{8}\right)$。

同时，P_0^3 点又是 1/4 圆弧上的中点。对于单位圆，1/4 圆的中点坐标为 $\left(\dfrac{\sqrt{2}}{2}, \dfrac{\sqrt{2}}{2}\right)$。由 $\dfrac{3m+4}{8} = \dfrac{\sqrt{2}}{2}$，容易得到 $m = \dfrac{4\left(\sqrt{2}-1\right)}{3} \approx 0.5523$。

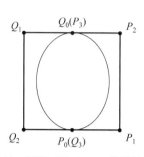

图 6-18　两段二次 Bezier 曲线的拼接

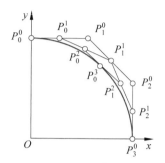

图 6-19　一段三次 Bezier 曲线模拟 1/4 圆弧

第二种方法：$p(t) = (1-t)^3 P_0 + 3t(1-t)^2 P_1 + 3t^2(1-t)P_2 + t^3 P_3$。对于圆弧中点，$t=0.5$，则

$$p\left(\dfrac{1}{2}\right) = \dfrac{1}{8}P_0 + \dfrac{3}{8}P_1 + \dfrac{3}{8}P_2 + \dfrac{1}{8}P_3 = \dfrac{\sqrt{2}}{2}$$

将控制点的 x 坐标代入，解方程得

$$\dfrac{0}{8} + \dfrac{3m}{8} + \dfrac{3}{8} + \dfrac{1}{8} = \dfrac{\sqrt{2}}{2}$$

同样解得 $m \approx 0.5523$，m 常被称为魔术常数。图 6-20 所示为使用 4 段三次 Bezier 曲线拼接的圆及其控制多边形，共需要 12 个控制点 $P_0 \sim P_{11}$。需要说明的是 Bezier 曲线不能精确地表示圆弧，所以图 6-20 只是一个近似圆。

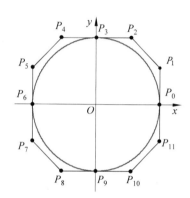

图 6-20　4 段三次 Bezier 曲线拼接圆

算法 24：三次 Bezier 画圆算法

6.3　Bezier 曲面

曲面是由曲线拓广而来，称为双参数曲面，最常用的是双三次曲面片。双三次 Bezier 曲面片通过拼接，可以构造复杂曲面。

6.3.1　双三次 Bezier 曲面片的定义

双三次 Bezier 曲面片由两组三次 Bezier 曲线交织而成。控制网格由 16 个控制点构成，如图 6-21 所示。

双三次 Bezier 曲面片定义如下：

$$p(u,v) = \sum_{i=0}^{3}\sum_{j=0}^{3} P_{i,j} B_{i,3}(u) B_{j,3}(v), \quad (u,v) \in [0,1] \times [0,1] \tag{6-12}$$

式中，$P_{i,j}(i=0,1,2,3; j=0,1,2,3)$ 是 $4 \times 4 = 16$ 个控制点。$B_{i,3}(u)$ 和 $B_{j,3}(v)$ 是三次

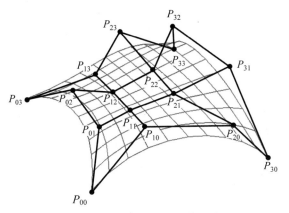

图 6-21　双三次 Bezier 曲面片

Bernstein 基函数。展开式(6-12),有

$$p(u,v)=\begin{bmatrix}B_{0,3}(u) & B_{1,3}(u) & B_{2,3}(u) & B_{3,3}(u)\end{bmatrix}$$

$$\cdot\begin{bmatrix}P_{0,0} & P_{0,1} & P_{0,2} & P_{0,3}\\ P_{1,0} & P_{1,1} & P_{1,2} & P_{1,3}\\ P_{2,0} & P_{2,1} & P_{2,2} & P_{2,3}\\ P_{3,0} & P_{3,1} & P_{3,2} & P_{3,3}\end{bmatrix}\cdot\begin{bmatrix}B_{0,3}(v)\\ B_{1,3}(v)\\ B_{2,3}(v)\\ B_{3,3}(v)\end{bmatrix} \qquad (6-13)$$

其中,$B_{0,3}(u)$、$B_{1,3}(u)$、$B_{2,3}(u)$、$B_{3,3}(u)$、$B_{0,3}(v)$、$B_{1,3}(v)$、$B_{2,3}(v)$、$B_{3,3}(v)$ 是三次 Bernstein 基函数。

$$\begin{cases}B_{0,3}(u)=-u^3+3u^2-3u+1\\ B_{1,3}(u)=3u^3-6u^2+3u\\ B_{2,3}(u)=-3u^3+3u^2\\ B_{3,3}(u)=u^3\\ B_{0,3}(v)=-v^3+3v^2-3v+1\\ B_{1,3}(v)=3v^3-6v^2+3v\\ B_{2,3}(v)=-3v^3+3v^2\\ B_{3,3}(v)=v^3\end{cases} \qquad (6-14)$$

将式(6-14)代入式(6-13)得到

$$p(u,v)=\begin{bmatrix}u^3 & u^2 & u & 1\end{bmatrix}\begin{bmatrix}-1 & 3 & -3 & 1\\ 3 & -6 & 3 & 0\\ -3 & 3 & 0 & 0\\ 1 & 0 & 0 & 0\end{bmatrix}\cdot\begin{bmatrix}P_{0,0} & P_{0,1} & P_{0,2} & P_{0,3}\\ P_{1,0} & P_{1,1} & P_{1,2} & P_{1,3}\\ P_{2,0} & P_{2,1} & P_{2,2} & P_{2,3}\\ P_{3,0} & P_{3,1} & P_{3,2} & P_{3,3}\end{bmatrix}$$

$$\cdot\begin{bmatrix}-1 & 3 & -3 & 1\\ 3 & -6 & 3 & 0\\ -3 & 3 & 0 & 0\\ 1 & 0 & 0 & 0\end{bmatrix}\cdot\begin{bmatrix}v^3\\ v^2\\ v\\ 1\end{bmatrix} \qquad (6-15)$$

令

$$U = \begin{bmatrix} u^3 \\ u^2 \\ u \\ 1 \end{bmatrix}, \quad V = \begin{bmatrix} v^3 \\ v^2 \\ v \\ 1 \end{bmatrix},$$

$$M = \begin{bmatrix} -1 & 3 & -3 & 1 \\ 3 & -6 & 3 & 0 \\ -3 & 3 & 0 & 0 \\ 1 & 0 & 0 & 0 \end{bmatrix}, \quad P = \begin{bmatrix} P_{0,0} & P_{0,1} & P_{0,2} & P_{0,3} \\ P_{1,0} & P_{1,1} & P_{1,2} & P_{1,3} \\ P_{2,0} & P_{2,1} & P_{2,2} & P_{2,3} \\ P_{3,0} & P_{3,1} & P_{3,2} & P_{3,3} \end{bmatrix}$$

则有

$$p(u,v) = U^{\mathrm{T}} M^{\mathrm{T}} P M V \tag{6-16}$$

生成曲面时可以通过先固定 u，变化 v 得到一簇 Bezier 曲线；然后固定 v，变化 u 得到另一簇 Bezier 曲线，两簇曲线交织生成 Bezier 曲面。

算法 25：双三次 Bezier 曲面算法

6.3.2　双三次 Bezier 曲面表示球

球体有 8 个卦限，每个卦限的球体可以用一片双三次 Bezier 曲面片逼近。第一卦限的 Bezier 曲面片如图 6-22 所示，共需 13 个控制点(北极点有 4 个重点)，其中只有 3 个控制点位于曲面上(P_0，P_3，P_{12})，其余控制点用于调整曲面的形状。容易计算出，构造完整球体共需 62 个控制点，其中只有 6 个控制点位于曲面上，其余控制点用于调整曲面的形状。8 片双三次 Bezier 曲面可以拼接一个完整球体，如图 6-23 所示。

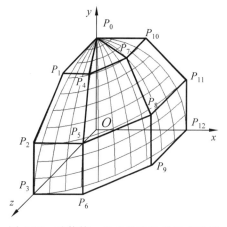
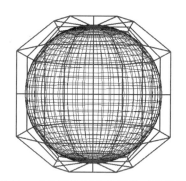

图 6-22　球体第一卦限曲面片控制点编号　　图 6-23　球体及控制多边形的透视投影图

算法 26：双三次 Bezier 曲面拼接球面算法

6.4　有理 Bezier 曲线

为了精确表示圆弧，引入了有理二次 Bezier 曲线，进而扩展到 n 次有理 Bezier 曲线，并推广到有理 Bezier 曲面。有理 Bezier 方法是一种采用分式表示参数多项式的方法。相对而言，前面介绍的 Bezier 方法称为非有理 Bezier 方法。

6.4.1 有理 Bezier 曲线定义

$$p(t) = \frac{\sum_{i=0}^{n} B_{i,n}(t)\omega_i P_i}{\sum_{i=0}^{n} B_{i,n}(t)\omega_i}, \quad t \in [0,1] \tag{6-17}$$

其中，$B_{i,n}(t)$，$i=0,1,\cdots,n$ 为 Bernstein 基函数；P_i，$i=0,1,\cdots,n$ 为控制多边形顶点；ω_i，$i=0,1,\cdots,n$ 为与控制多边形顶点对应的权因子。

式(6-17)中，如果所有权因子等于1，根据 Bernstein 基函数的权性，方程中分母等于1，转化为非有理 n 次 Bezier 曲线。规定所有权因子取为非负值。在这种情况下，有理 Bezier 曲线保留了非有理 Bezier 曲线的所有性质：端点插值、对称性、凸包性质、变差减小性质、仿射不变性等。

6.4.2 有理一次 Bezier 曲线

$$p(t) = \frac{\sum_{i=0}^{1} B_{i,1}(t)\omega_i P_i}{\sum_{i=0}^{1} B_{i,1}(t)\omega_i} = \frac{(1-t)\omega_0 P_0 + t\omega_1 P_1}{(1-t)\omega_0 + t\omega_1}, \quad t \in [0,1] \tag{6-18}$$

式中，一次 Bernstein 基函数为

$$B_{0,1}(t) = 1-t, \quad B_{1,1}(t) = t$$

从式(6-18)较难看出表示的是一条什么形状的曲线，如做有理线性参数变换

$$u = \frac{t\omega_1}{(1-t)\omega_0 + t\omega_1}, \quad u \in [0,1] \tag{6-19}$$

则式(6-18)可改写为

$$p(u) = (1-u)P_0 + uP_1, \quad u \in [0,1] \tag{6-20}$$

式(6-20)表示一条非有理一次 Bezier 曲线。它是连接首末顶点 P_0 和 P_1 的直线段。如果 ω_0 和 ω_1 之一为0，则相应顶点将不起作用，有理一次 Bezier 曲线退化到另一顶点。注意，只要 ω_0 和 ω_1 均非0，那么有理一次 Bezier 曲线总是首末顶点相连的直线，与 ω_0 和 ω_1 的取值无关。实际应用中，常令有理 n 次 Bezier 曲线的首末权因子等于1，即 $\omega_0 = \omega_n = 1$，称为标准型有理 Bezier 曲线。有理一次 Bezier 曲线实际上就是非有理一次 Bezier 曲线。若用于定义直线段，采用非有理一次 Bezier 曲线即可，不必引入有理一次 Bezier 曲线。

6.4.3 有理二次 Bezier 曲线

1. 有理二次 Bezier 曲线的表示

有理 Bezier 曲线中，以二次曲线应用最广，如飞机机身的截面曲线。有理二次 Bezier 曲线的有理分式表示为

$$p(t) = \frac{\sum_{i=0}^{2} B_{i,2}(t)\omega_i P_i}{\sum_{i=0}^{2} B_{i,2}(t)\omega_i}$$

$$p(t) = \frac{(1-t)^2 \omega_0 P_0 + 2t(1-t)\omega_1 P_1 + t^2 \omega_2 P_2}{(1-t)^2 \omega_0 + 2t(1-t)\omega_1 + t^2 \omega_2}, \quad t \in [0,1] \tag{6-21}$$

式中,P_0、P_1、P_2 为控制多边形顶点,相应的权因子为 ω_0、ω_1、ω_2,其中 ω_0 和 ω_2 称为首末权因子,ω_1 称为内权因子。

有理二次 Bezier 曲线的矩阵表示为

$$p(t) = \frac{\begin{bmatrix} t^2 & t & 1 \end{bmatrix} \begin{bmatrix} 1 & -2 & 1 \\ -2 & 2 & 0 \\ 1 & 0 & 0 \end{bmatrix} \begin{bmatrix} \omega_0 P_0 \\ \omega_1 P_1 \\ \omega_2 P_2 \end{bmatrix}}{\begin{bmatrix} t^2 & t & 1 \end{bmatrix} \begin{bmatrix} 1 & -2 & 1 \\ -2 & 2 & 0 \\ 1 & 0 & 0 \end{bmatrix} \begin{bmatrix} \omega_0 \\ \omega_1 \\ \omega_2 \end{bmatrix}}, \quad t \in [0,1] \tag{6-22}$$

有理二次 Bezier 曲线 $p(t)$ 首、末端的点矢和切矢分别为

$$\begin{cases} p(0) = P_0 \\ p(1) = P_2 \end{cases} \tag{6-23}$$

$$\begin{cases} p'(0) = \dfrac{2\omega_1}{\omega_0}(P_1 - P_0) \\ p'(1) = \dfrac{2\omega_1}{\omega_2}(P_2 - P_1) \end{cases} \tag{6-24}$$

式(6-23)和式(6-24)的几何意义为,曲线通过首、末端点并与控制多边形的两条边相切。

2. 有理二次 Bezier 曲线表示圆弧

工程应用中,人们最关心的是如何表示一段圆弧。有理二次 Bezier 曲线转换为圆弧的条件为

$$\begin{cases} P_0 P_1 = P_1 P_2 \\ \omega_0 = \omega_2 = 1 \\ \omega_1 = \cos\dfrac{\theta}{2} \end{cases} \tag{6-25}$$

图 6-24 中,Q 为圆弧中心,QP_0 垂直于 $P_0 P_1$,QP_2 垂直于 $P_1 P_2$。假定圆弧 $P_0 P_2$ 所对的圆心角为 θ,则 $\dfrac{\theta}{2}$ 为 $P_0 P_1$ 和 $P_0 P_2$ 的夹角。

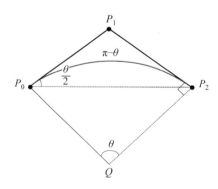

图 6-24 确定一段圆弧

6.4.4 四段有理二次 Bezier 曲线表示圆

令 $\theta = \dfrac{\pi}{2}$，式(6-25)写为

$$\begin{cases} P_0 P_1 = P_1 P_2 \\ \omega_0 = \omega_2 = 1 \\ \omega_1 = \dfrac{\sqrt{2}}{2} \end{cases}$$

所确定得圆弧如图 6-25 所示。给定 8 个控制点后，所得到的圆如图 6-26 所示。这里注意，有理二次 Bezier 曲线定义圆的控制多边形为正方形。正方形 4 个角点处的权因子为 $\dfrac{\sqrt{2}}{2}$，其余为 1。

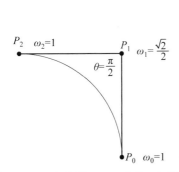

图 6-25 二次有理 Bezier 表示 1/4 圆弧

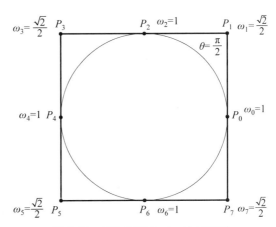

图 6-26 二次有理 Bezier 表示整圆

算法 27：有理二次 Bezier 曲线画圆算法

6.5 有理 Bezier 曲面

将有理 Bezier 曲线定义推广到曲面，得到有理 Bezier 的曲面方程：

$$p(u,v) = \frac{\sum\limits_{i=0}^{m}\sum\limits_{j=0}^{n} B_{i,m}(u) B_{j,n}(v) \omega_{ij} P_{ij}}{\sum\limits_{i=0}^{m}\sum\limits_{j=0}^{n} B_{i,m}(u) B_{j,n}(v) \omega_{ij}}, \quad (u,v) \in [0,1] \times [0,1] \quad (6\text{-}26)$$

式中，m,n 分别为曲面 u,v 方向的幂次；$B_{i,m}(u), i=0,1,\cdots,m$ 为 u 向 Bernstein 基函数；$B_{j,n}(v), j=0,1,\cdots,n$ 为 v 向 Bernstein 基函数；$P_{ij}, i=0,1,\cdots,m, j=0,1,\cdots,n$ 为控制多边形网格顶点；$\omega_{ij}, i=0,1,\cdots,m, j=0,1,\cdots,n$ 为控制多边形网格顶点对应的权因子。

规定角点处使用正权因子，即 $\omega_{00}, \omega_{m0}, \omega_{0n}, \omega_{mn} > 0$，使有理 Bezier 曲面保留了非有理 Bezier 曲面的所有性质：端点插值、对称性、凸包性质、变差减小性质、仿射不变性等。特别地，若所有权因子等于 1 或所有权因子都相等，则定义的曲面就是非有理 Bezier 曲面。

6.5.1 有理双一次 Bezier 曲面

双一次有理 Bezier 曲面是最简单的有理 Bezier 曲面,如图 6-27 所示。4 个控制点不变,生成的曲面形状总与非有理双一次 Bezier 曲面即双线性曲面的形状相同,差别仅在于曲面上点与定义域内点的映射关系不同。图 6-27(a)为非有理 Bezier 曲面,定义域内均匀分布的点映射到曲面上后,仍是均匀分布。图 6-27(b)为有理 Bezier 曲面,左上和右下两个控制点的权因子为 4,其余控制点的权因子为 1。图 6-27(c)为有理 Bezier 曲面,左侧两控制点的权因子为 4,其余控制点的权因子为 1。对于有理曲面而言,定义域内均匀分布的点映射到曲面上后,是不均匀分布的。曲面上的点总是被吸引,往权因子大的那个控制点靠近,而偏离权因子小的那个控制点。权因子大小差异越大,这种作用越明显,因此凸显了权因子对曲面参数化的影响。

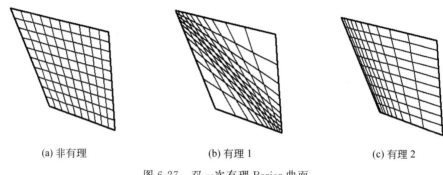

(a) 非有理　　　　　　　　(b) 有理 1　　　　　　　　(c) 有理 2

图 6-27　双一次有理 Bezier 曲面

对于双一次有理 Bezier 曲面以及有一个参数方向是一次的直纹面,权因子的大小还不至于影响到曲面的形状;但对双二次及以上的有理 Bezier 曲面,权因子则不仅影响曲面上点与定义域内点的映射关系,而且会对曲面形状带来影响。相对于非有理 Bezier 曲面只能通过调整控制点来改变曲面形状,有理 Bezier 曲面既可以通过调整控制点也可以通过调整权因子或同时调整二者来改变曲线的形状。图 6-28 给出了通过权因子来改变曲面形状的例子。

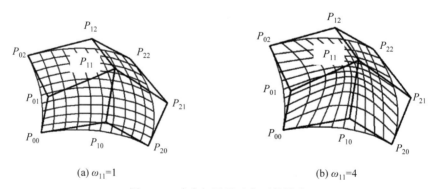

(a) $\omega_{11}=1$　　　　　　　　　　　(b) $\omega_{11}=4$

图 6-28　改变权因子对曲面的影响

6.5.2 有理双二次 Bezier 曲面

在有理 Bezier 曲面中,最常用的是有理双二次 Bezier 曲面,它的所有参数曲线都是二次曲线。有理双二次 Bezier 曲面可以精确描述所有的二次曲面。

有理双二次曲面的定义为

$$p(u,v) = \frac{\displaystyle\sum_{i=0}^{2}\sum_{j=0}^{2}B_{i,2}(u)B_{j,2}(v)\omega_{ij}P_{ij}}{\displaystyle\sum_{i=0}^{2}\sum_{j=0}^{2}B_{i,2}(u)B_{j,2}(v)\omega_{ij}}, \quad (u,v)\in[0,1]\times[0,1] \qquad (6\text{-}27)$$

展开有

$$p(u,v) = \frac{\begin{bmatrix} B_{0,2}(u) & B_{1,2}(u) & B_{2,2}(u) \end{bmatrix} \begin{bmatrix} \omega_{00}P_{00} & \omega_{01}P_{01} & \omega_{02}P_{02} \\ \omega_{10}P_{10} & \omega_{11}P_{11} & \omega_{12}P_{12} \\ \omega_{20}P_{20} & \omega_{21}P_{21} & \omega_{22}P_{22} \end{bmatrix} \begin{bmatrix} B_{0,2}(v) \\ B_{1,2}(v) \\ B_{2,2}(v) \end{bmatrix}}{\begin{bmatrix} B_{0,2}(u) & B_{1,2}(u) & B_{2,2}(u) \end{bmatrix} \begin{bmatrix} \omega_{00} & \omega_{01} & \omega_{02} \\ \omega_{10} & \omega_{11} & \omega_{12} \\ \omega_{20} & \omega_{21} & \omega_{22} \end{bmatrix} \begin{bmatrix} B_{0,2}(v) \\ B_{1,2}(v) \\ B_{2,2}(v) \end{bmatrix}}$$

$$(6\text{-}28)$$

式中,$B_{0,2}(u),B_{1,2}(u),B_{2,2}(u),B_{0,2}(v),B_{1,2}(v),B_{2,2}(v)$ 是二次 Berstein 基函数。

$$\begin{cases} B_{0,2}(u) = u^2 - 2u + 1 \\ B_{1,2}(u) = -2u^2 + 2u , \\ B_{2,2}(u) = u^2 \end{cases} \begin{cases} B_{0,2}(v) = v^2 - 2v + 1 \\ B_{1,2}(v) = -2v^2 + 2v \\ B_{2,2}(v) = v^2 \end{cases} \qquad (6\text{-}29)$$

将式(6-29)代入式(6-28),有

$$p(u,v) = \frac{\begin{bmatrix} u^2 & u & 1 \end{bmatrix} \begin{bmatrix} 1 & -2 & 1 \\ -2 & 2 & 0 \\ 1 & 0 & 0 \end{bmatrix} \begin{bmatrix} \omega_{00}P_{00} & \omega_{01}P_{01} & \omega_{02}P_{02} \\ \omega_{10}P_{10} & \omega_{11}P_{11} & \omega_{12}P_{12} \\ \omega_{20}P_{20} & \omega_{21}P_{21} & \omega_{22}P_{22} \end{bmatrix} \begin{bmatrix} 1 & -2 & 1 \\ -2 & 2 & 0 \\ 1 & 0 & 0 \end{bmatrix} \begin{bmatrix} v^2 \\ v \\ 1 \end{bmatrix}}{\begin{bmatrix} u^2 & u & 1 \end{bmatrix} \begin{bmatrix} 1 & -2 & 1 \\ -2 & 2 & 0 \\ 1 & 0 & 0 \end{bmatrix} \begin{bmatrix} \omega_{00} & \omega_{01} & \omega_{02} \\ \omega_{10} & \omega_{11} & \omega_{12} \\ \omega_{20} & \omega_{21} & \omega_{22} \end{bmatrix} \begin{bmatrix} 1 & -2 & 1 \\ -2 & 2 & 0 \\ 1 & 0 & 0 \end{bmatrix} \begin{bmatrix} v^2 \\ v \\ 1 \end{bmatrix}}$$

$$(6\text{-}30)$$

令

$$\boldsymbol{U} = \begin{bmatrix} u^2 \\ u \\ 1 \end{bmatrix}, \quad \boldsymbol{V} = \begin{bmatrix} v^2 \\ v \\ 1 \end{bmatrix}, \quad \boldsymbol{M} = \begin{bmatrix} 1 & -2 & 1 \\ -2 & 2 & 0 \\ 1 & 0 & 0 \end{bmatrix},$$

$$\boldsymbol{P}_\omega = \begin{bmatrix} \omega_{00}P_{00} & \omega_{01}P_{01} & \omega_{02}P_{02} \\ \omega_{10}P_{10} & \omega_{11}P_{11} & \omega_{12}P_{12} \\ \omega_{20}P_{20} & \omega_{21}P_{21} & \omega_{22}P_{22} \end{bmatrix}, \quad \boldsymbol{\omega} = \begin{bmatrix} \omega_{00} & \omega_{01} & \omega_{02} \\ \omega_{10} & \omega_{11} & \omega_{12} \\ \omega_{20} & \omega_{21} & \omega_{22} \end{bmatrix}$$

则有

$$p(u,v) = \frac{\boldsymbol{U}^{\mathrm{T}}\boldsymbol{M}^{\mathrm{T}}\boldsymbol{P}_\omega\boldsymbol{M}\boldsymbol{V}}{\boldsymbol{U}^{\mathrm{T}}\boldsymbol{M}^{\mathrm{T}}\boldsymbol{\omega}\boldsymbol{M}\boldsymbol{V}} \qquad (6\text{-}31)$$

式中，P_ω 为带权控制点。描述一片有理双二次 Bezier 曲面，需要用到 9 个控制点和 9 个权因子，如图 6-25 所示。

6.5.3 有理双二次 Bezier 曲面表示球

使用有理双二次 *Bezier* 曲面片表示第一卦限内的 1/8 单位球面片，如图 6-29 所示。第一卦限球面片有三条圆心角为 π/2 圆弧的边界，分别位于 xOy 面、yOz 面、和 xOz 面内。为此，必须使有理双二次 *Bezier* 曲面的上边界退化为一点，即 P_0 点为 3 个控制点的重点。

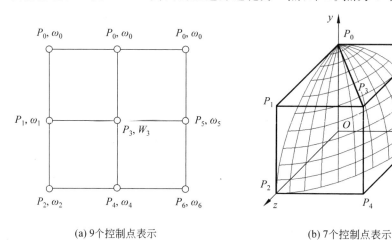

(a) 9个控制点表示   (b) 7个控制点表示

图 6-29   有理双二次 Bezier 表示 1/8 单位球面

位于 1/8 单位球面边界上的控制点为 $P_0=(0,1,0)$、$P_2=(0,0,1)$ 和 $P_6=(1,0,0)$，另外 3 个边界内控制点为 $P_1=(0,1,1)$、$P_4=(1,0,1)$、$P_5=(1,1,0)$。三角控制点的权因子为 $\omega_0=\omega_2=\omega_6=1$。四边界内控制点的权因子为 $\omega_1=\omega_4=\omega_5=\sqrt{2}/2$。关键问题在于怎样确定内控制点 P_3 及权因子 ω_3。控制点 P_5 可视为控制点 P_1 绕 y 轴逆时针方向旋转 π/2 得到，即 $P_3=(1,1,1)$。因 $\omega_1=\omega_5=\sqrt{2}/2$，必须使 $\omega_3=(\sqrt{2}/2)^2=1/2$。这样，由上述 9 个控制顶点（$P_0$ 点有 2 个重点）及 9 个权因子所定义的有理双二次 Bezier 曲面，就能精确地表示第一卦限的 1/8 球面片。按照图 6-30(a) 所示的顺序定义立方体的顶点，用作有理双二次 Bezier 球面片拼接的控制网格后，所绘制的完整球面如图 6-30(b) 所示。

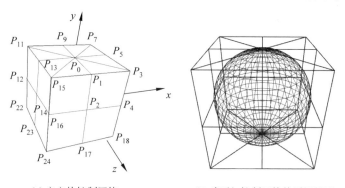

(a) 立方体控制网格   (b) 球面与控制网格的透视投影

图 6-30   有理双二次 Bezier 球面

算法 28：有理双二次 Bezier 曲面拼接球面算法

6.6 本章小结

本章讲解 Bezier 曲线曲面的建模思想,Bezier 方法是最成熟、最简单的建模方法。Bezier 曲线曲面有"非有理"与"有理"之分。非有理 Bezier 重点掌握三次 Bezier 曲线的递推算法,以及双三次 Bezier 曲面构造球面的算法。非有理 Bezier 球面用到了魔术常数,并且构造的是一个近似球面。有理 Bezier 方法采用分式表示,重点掌握有理二次 Bezier 曲线算法,以及有理双二次 Bezier 球面算法。有理 Bezier 球面用到权因子,并且构造的是一个准确球面。

习 题 6

1. 设有控制点 $P_0(0,0)$、$P_1(48,96)$、$P_2(120,120)$、$P_3(216,72)$ 构造非有理三次 Bezier 曲线。试基于 Bernstain 多项式表示,计算 $t=0.3$ 时,曲线上当前点的坐标。

2. 图 6-31 所示为控制点 $P_0(-40,0)$、$P_1(-20,50)$、$P_2(40,70)$、$P_3(90,60)$、$P_4(120,20)$ 构造的非有理四次 Bezier 曲线。当 $t=0.5$ 时,试基于 de Casteljau 递推算法作图绘制当前点,并计算各个中间递推点的坐标。

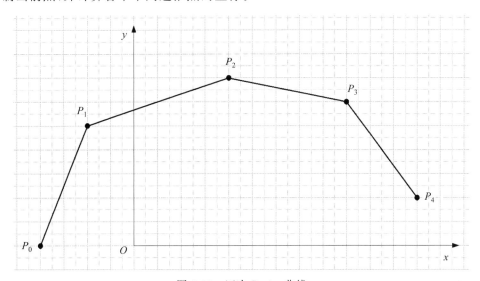

图 6-31   四次 Bezier 曲线

3. 基于二次 Bezier 曲线构成复合曲线绘制圆,有两种解决方案,如图 6-32 所示。图 6-32(a)所示为八段二次 Bezier 曲线构成圆。图 6-32(b)所示为四段二次 Bezier 曲线构成圆。试分析哪种构造方法更逼近精确圆。提示:精确圆用有理二次 Bezier 曲线绘制。

4. 建立一个双三次 Bezier 曲面,对应的控制点为

$$\boldsymbol{P} = \begin{vmatrix} P_{00} & P_{01} & P_{02} & P_{03} \\ P_{10} & P_{11} & P_{12} & P_{13} \\ P_{20} & P_{21} & P_{22} & P_{23} \\ P_{30} & P_{31} & P_{32} & P_{33} \end{vmatrix} = \begin{vmatrix} (0,0,4) & (0,3,4) & (0,6,4) & (0,5,4) \\ (3,0,0) & (3,3,0) & (3,6,0) & (3,5,0) \\ (6,0,0) & (6,3,0) & (6,6,0) & (6,5,0) \\ (5,0,4) & (5,3,4) & (5,6,4) & (5,5,4) \end{vmatrix}$$

当 $u=v=0.5$ 时,计算表面上的三维点。

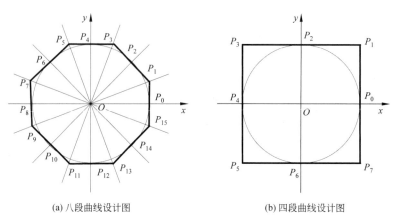

(a) 八段曲线设计图   (b) 四段曲线设计图

图 6-32　非有理二次 Bezier 曲线构造圆

5. 已知有理 $2×1$ 次曲面的定义为

$$p(u,v)=\frac{\sum\limits_{i=0}^{2}\sum\limits_{j=0}^{1}B_{i,2}(u)B_{j,1}(v)\omega_{ij}P_{ij}}{\sum\limits_{i=0}^{2}\sum\limits_{j=0}^{1}B_{i,2}(u)B_{j,1}(v)\omega_{ij}},\quad (u,v)\in[0,1]\times[0,1]$$

试参照有理双二次曲面的推导过程,给出有理 $2×1$ 次曲面的矩阵表示。

6. 拼接两段非有理三次 Bezier 曲线,在 xOy 面内构成半圆,如图 6-33(a)所示,绕 y 轴回转该曲线构成球体,如图 6-33(b)所示;拼接两段有理二次 Bezier 曲线,在 xOy 面内构成半圆,如图 6-33(c)所示,绕 y 轴回转该曲线构成球体。图中,球面使用正交投影绘制。试在两种构造方法下,写出其第一卦限内单位球面的控制点坐标。

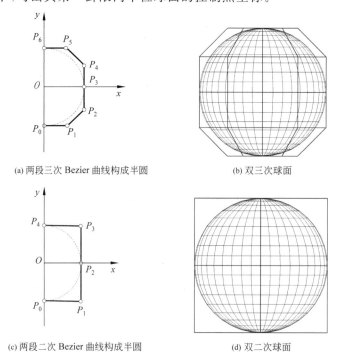

(a) 两段三次 Bezier 曲线构成半圆   (b) 双三次球面

(c) 两段二次 Bezier 曲线构成半圆   (d) 双二次球面

图 6-33　回转法制作球面

第7章　建模与消隐

计算机图形学主要讲解三维物体的建模与绘制算法。第6章讲解了使用样条函数建立一般光滑几何物体模型的方法。本章讲解边界表示的建模方法。在二维显示器上显示三维物体时,必须经过投影变换才能获得二维坐标。投影变换失去了物体的深度坐标,导致对图形的理解存在二义性。计算机中生成的具有真实感图形,就是在给定视点位置和视线方向之后,确定场景中物体哪些线段或表面是可见的,哪些线段或表面是不可见的。这一问题习惯上称为隐藏线消除算法或隐藏面消除算法,简称为消隐。

7.1　物体的表示方法

计算机中三维物体的表示有线框模型、表面模型和实体模型3种方法,所表达的几何体信息越来越完整。线框模型是早期计算机中表示物体形状的方法,表面模型是当今计算机中绘制真实感场景的主要方法,实体模型是3D打印时所需要的模型。犹他茶壶的3种表示方法如图7-1所示。图7-1(a)是茶壶的线框模型;图7-1(b)是使用简单光照模型渲染而成的表面模型;图7-1(c)为3D打印模型,为了说明其内部结构,故意拿掉了壶盖。线框模型与表面模型都没有厚度,且壶嘴与壶体只是位置上的拼接,并未连通。与表面模型相比,茶壶的实体模型主要增加了壶体厚度,并且将壶嘴与壶体连接处掏孔打通。

(a) 线框模型　　　　　(b) 表面模型　　　　　(c) 实体模型

图 7-1　犹他茶壶的表示方法

7.1.1　线框模型

线框模型没有表面和体积等概念。所谓"线框"是指表面多边形的边界线。一般情况下,线框模型是表面模型和实体模型的设计基础,主要用于勾勒物体的轮廓。线框模型仅使用顶点表和边表两个数据结构就可以描述。图7-2为立方体的线框模型。线框模型的优点是可以产生任意方向视图,视图之间能保持正确的投影关系。线框模型的缺点是由于没有面表,所以不能绘制物体的明暗效果图。图7-2中将立方体的所有棱边全部绘制出来,理解时会产生二义性。例如,图7-3(a)可以看作视点位于左下方;图7-3(b)可以看作视点位于右上方。

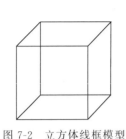

图 7-2 立方体线框模型

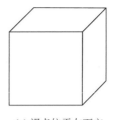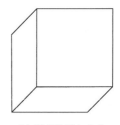

(a) 视点位于左下方　　(b) 视点位于右上方

图 7-3 线框模型表示的二义性

7.1.2 表面模型

表面模型使用物体外表面的集合来定义物体,就如同在线框模型上蒙上了一层外皮,使物体具有了外表面。表面模型仍缺乏体积的概念,是一个物体的空壳。与线框模型相比,表面模型增加了一个面表,用以记录边与面之间的拓扑关系。表面模型的优点是可以对表面进行着色、可以添加光照或映射纹理等,缺点是无法进行物体之间的并、交、差运算。图 7-4(a)表示的是双三次 Bezier 曲面片的网格模型(线框模型);图 7-4(b)表示的是双三次 Bezier 曲面片的表面模型,是一个映射了棋盘图案的光照表面。Bezier 曲面片并没有围成一个封闭的空间,只是一张一个像素厚度的面片,无内外之分,哪面是正面、哪面是反面,没有给出明确的定义。

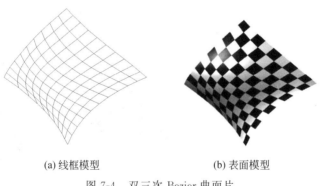

(a) 线框模型　　　　　　　(b) 表面模型

图 7-4 双三次 Bezier 曲面片

7.1.3 实体模型

物体的表示方法发展到实体模型阶段,如同对封闭的表面模型内部进行了填充,使之具有了体积、重量等特性。实体模型更能反映物体的真实性,这时的物体才具有"体"的概念,可以被打印输出。实体模型有内部和外部的概念,明确定义了在表面的哪一侧存在实体,因此实体模型的表面有正面和反面之分,如图 7-5 所示。图 7-6 中,用立方体的一点透视图模拟三维场景。

在表面模型的基础上可以采用有向棱边隐含地表示出表面的外法向量方向,常使用右手螺旋法则定义,即 4 个手指沿闭合的棱边方向,大拇指方向与表面外法向量方向一致,如图 7-7(a)所示。拓扑合法的物体在相邻两个面的公共边界上,棱边方向正好相反,如图 7-7(b)所示。实体模型和表面模型数据结构的差异是将面表的顶点索引号按照从物体外部观察的

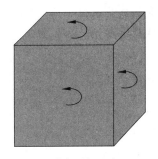 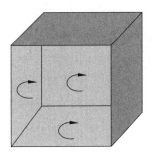

(a) 外表面为正面　　　　　　(b) 内表面为反面

图 7-5　立方体的内外表面

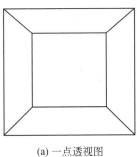 

(a) 一点透视图　　　　　　(b) 模拟室内场景

图 7-6　立方体内部

逆时针方向的顺序排列,就可确切地分清体内与体外。实体模型和线框模型、表面模型的根本区别在于其数据结构不仅记录了顶点的几何信息,而且记录了线、面、体的拓扑信息。实体模型常采用集合论中的并、交、差等运算来构造复杂实体。在实体造型阶段,首先绘制的是物体的线框模型。在线框模型正确的情况下,通过填充表面或内部可以绘制出物体的表面模型或实体模型。

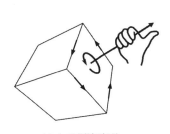 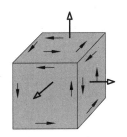

(a) 右手螺旋法则　　　　　　(b) 边界上棱边方向相反

图 7-7　立方体实体模型

7.2　边界表示法建模

　　边界表示法使用点、边、面来描述物体的几何特征。边界表示法的典型例子是多面体与曲面体。边界表示法描述了物体的几何信息和拓扑信息。几何信息,描述几何元素空间位置的信息;拓扑信息,描述几何元素之间相互连接关系的信息。描述一个物体不仅需要几何信息,而且还需要拓扑信息,如果只有几何信息的描述,则在表示上存在不唯一性。图7-8(a)中给出5个顶点,其几何信息已经确定,如果拓扑信息不同,则可以产生图7-8(b)和图7-8(c)所示两种不同的连接方式。这说明,对物体几何模型的描述,不仅应该包括顶点坐标等几何信息,而且应该包括每条边是由哪些顶点连接而成的拓扑信息,每个表面是由哪些边连接而成的拓扑信息,或者每个表面是由哪些顶点通过边连接而成的拓扑信息。边界表示(boundary representation,BRep)法,是几何造型中最成熟的表示法。

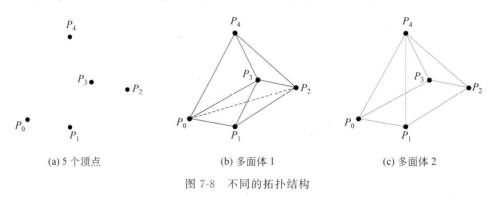

(a) 5 个顶点　　　　　　　(b) 多面体 1　　　　　　　(c) 多面体 2

图 7-8　不同的拓扑结构

7.3　模型的数据结构

多面体的边界表示是定义了一组包围物体内部的表面多边形。由于多边形表面以线性方程加以描述,因此会加速物体的绘制。多边形是对三角形或四边形的扩展,因而要求多边形的顶点必须是共面的。

对于曲面体,用多边形网格逼近,即将曲面分解为更小的多边形。这样,描述一个物体不仅需要顶点表(以下简称点表)描述其几何信息,而且还需要借助于边表和面表(面表有时也称为多边形表)描述其拓扑信息,才能完全确定物体的几何形状。

7.3.1　三表结构

三维建模坐标系为右手系 $\{O;x,y,z\}$,x 轴水平向右为正,y 轴垂直向上为正,z 轴从指向观察者。假定单位立方体一个角点位于建模坐标系原点,立方体的边与坐标轴平行。建立立方体几何模型如图7-9所示。边界表示法用物体表面的顶点、边和面来描述物体。立方体的点表如表7-1所示,记录了顶点的几何信息;边表如表7-2所示,记录了每条边由哪些顶点连接而成,即记录了边的拓扑信息;面表如表7-3所示,记录了每个表面由哪些边连接而成,即记录了面的拓扑信息。假设视点位于立方体的正前方,将立方体的各个表面按照相对于视点的位置,分别命名为"前面""后面""左面""右面""顶面"和"底面"。

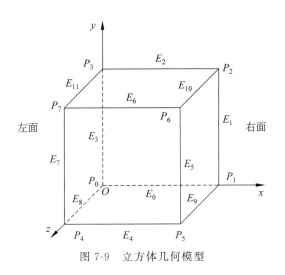

图 7-9 立方体几何模型

表 7-1 立方体的点表

顶点	x 坐标	y 坐标	z 坐标	顶点	x 坐标	y 坐标	z 坐标
P_0	$x_0 = 0$	$y_0 = 0$	$z_0 = 0$	P_4	$x_4 = 0$	$y_4 = 0$	$z_4 = 1$
P_1	$x_1 = 1$	$y_1 = 0$	$z_1 = 0$	P_5	$x_5 = 1$	$y_5 = 0$	$z_5 = 1$
P_2	$x_2 = 1$	$y_2 = 1$	$z_2 = 0$	P_6	$x_6 = 1$	$y_6 = 1$	$z_6 = 1$
P_3	$x_3 = 0$	$y_3 = 1$	$z_3 = 0$	P_7	$x_7 = 0$	$y_7 = 1$	$z_7 = 1$

表 7-2 立方体的边表

边	起点	终点	边	起点	终点
E_0	P_0	P_1	E_6	P_6	P_7
E_1	P_1	P_2	E_7	P_7	P_4
E_2	P_2	P_3	E_8	P_0	P_4
E_3	P_3	P_0	E_9	P_1	P_5
E_4	P_4	P_5	E_{10}	P_2	P_6
E_5	P_5	P_6	E_{11}	P_3	P_7

表 7-3 立方体的面表

面	第 1 条边	第 2 条边	第 3 条边	第 4 条边	说明
F_0	E_4	E_5	E_6	E_7	前面
F_1	E_0	E_3	E_2	E_1	后面
F_2	E_3	E_8	E_7	E_{11}	左面
F_3	E_1	E_{10}	E_5	E_9	右面
F_4	E_2	E_{11}	E_6	E_{10}	顶面
F_5	E_0	E_9	E_4	E_8	底面

一般情况下,使用点表、边表和面表 3 张表,就可以通过循环访问各个表面,方便地检索

出物体的任意一个顶点,而且数据结构清晰。在实际的建模过程中,由于实体模型中定义了表面外环的棱边方向,相邻两个表面上公共边的定义方向截然相反,导致无法确定棱边的顶点顺序,因而放弃使用边表。无论建立的是物体的线框模型、表面模型还是实体模型,都统一到只使用点表和面表两种数据结构来表示,并且要求在面表中按照表面外法向量的方向遍历多边形顶点索引号,表明处理的是物体的正面。仅使用点表和面表描述物体的缺点是每条棱边要被重复地绘制两次。例如,考虑最简单的立方体,如果从边表的角度看,共有12条棱边;但从面表的角度看,却有24条棱边。

7.3.2 两表结构

无论是多面体还是曲面体,只要给出顶点表和面表数据文件,就可以描述其几何模型。在双表结构中,立方体的点表依然使用表7-1,而面表需要重新按照环绕外法向量的逆时针方向进行设计。图7-10所示为图7-9所示立方体的二维展开图。沿着立方体的棱边拆开各个表面然后铺平,就可以观察到立方体的全部表面了。表7-4是根据立方体的二维展开图重新设计的面表。为了清晰起见,将每个表面的第1个顶点索引号取最小值。例如立方体的"前面"F_0,按照外法向量的右手法则确定顶点索引号,会有4种结果:4567、5674、6745和7456。最后约定取4567作为前面F_0的顶点索引号。

表7-4 立方体的面表

面	第1个顶点	第2个顶点	第3个顶点	第4个顶点	说明
F_0	4	5	6	7	前面
F_1	0	3	2	1	后面
F_2	0	4	7	3	左面
F_3	1	2	6	5	右面
F_4	2	3	7	6	顶面
F_5	0	1	5	4	底面

用点表定义多边形,多边形的每个顶点被存储一次。用面表定义多边形,每个小面仅存储顶点的索引号。这样,可以避免面表直接存储顶点坐标,从而避免数据出现不一致性。例如,对于图7-11给出的两个三角形面片F_0和F_1,共有4个顶点,其索引号为0、1、2、3。顶点表表示为$P=(P_0,P_1,P_2,P_3)=\{(x_0,y_0,z_0),(x_1,y_1,z_1),(x_2,y_2,z_2),(x_3,y_3,z_3)\}$。面表表示为$F=(F_0,F_1)$,其中$F_0=(0,1,3)$、$F_1=(1,2,3)$。

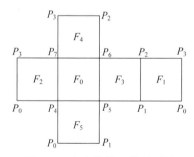

图7-10 立方体的二维展开图

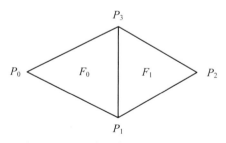

图7-11 用顶点的索引号定义多边形

7.4 消隐算法分类

在场景中,一个物体的表面可能被另一物体部分遮挡,也可能被自身的其他表面遮挡,这些被遮挡的表面称为隐藏面,被遮挡的边界线称为隐藏线。如果投影方式是透视投影,消隐算法就是根据视点的位置和视线方向对三维物体的表面进行可见性检测,绘制出可见表面和可见边界线;如果是平行投影,这种可见性检测是相对于平行投影方向的。消隐问题本身的复杂性产生许多不同的算法,其中相当多的算法是与应用相关的,没有一种算法是十全十美的。几乎所有的消隐算法都涉及排序算法。排序的核心是确定物体距离视点的远近,常用深度坐标 z 表示。在确定 z 向的优先级后,还需要进行 x 向和 y 向排序。

根据消隐方法的不同,消隐算法可分为两类:

(1) 隐藏线消除算法:用于消除物体上不可见的边界线。隐藏线消除算法主要是针对线框模型提出的,只绘制物体的各可见棱边,如图 7-12 所示。

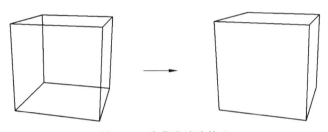

图 7-12　隐藏线消除算法

(2) 隐藏面消除算法:用于消除物体上不可见的表面。隐藏面消除算法主要是针对表面模型提出的,使用指定颜色填充物体的各可见表面,如图 7-13 所示。

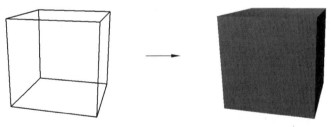

图 7-13　隐藏面消除算法

如果将线看作是不透明表面的边界,且根据表面的可见性来决定轮廓线的可见性,那么,消隐线消除算法和隐藏面消除算法统称为可见面算法。

计算机图形学的创始人 Sutherland 根据消隐空间的不同,将可见面算法分为如下 3 类。

(1) 物体空间法。在三维观察空间中,根据模型的几何关系来判断哪些表面可见,哪些表面不可见。假设空间中有 n 个物体,则每个物体都需要与其他物体一一进行比较,算法复杂度为 n^2。

(2) 图像空间法。在物体投影后的二维图像空间中,利用帧缓冲信息确定表面的遮挡关系。假设空间中有 n 个物体,屏幕的分辨率为 N(例如 $N=1024×768$),则每个物体都必须与屏幕坐标系中的每一个像素进行比较,算法复杂度为 $n \times N$。

（3）物像空间法。同时在描述物体的三维观察空间和二维图像空间中进行消隐。

表面上看,物体空间法的算法复杂度较图像空间法的算法复杂度小,大多数消隐算法应该在物体空间中实现。然而事实并非如此,由于光栅扫描显示器更容易实现算法的连贯性,图像空间法效率往往更高。

7.5　隐藏线消除算法

线框模型使用多边形边界线来表示物体的表面,隐藏线消除算法一般在物体空间中进行。假定物体表面不透明,根据可见性检测条件,判断哪些表面是可见的,哪些表面是不可见的。在屏幕上只绘制可见表面的边界线。

7.5.1　凸多面体消隐算法

消隐问题中,凸多面体消隐是最简单和最基本的情形。凸多面体具备这样的性质：连接物体上不同表面的任意两点的直线段完全位于该多面体之内。凸多面体由凸多边形构成,其表面要么完全可见,要么完全不可见。凸多面体消隐算法的关键是给出测试其表面可见性的判别式。事实上,对于凸多面体的任意一个表面,可以根据其外法向量 N 与视向量 S（从表面上的一个顶点指向视点）的夹角 θ 来进行可见性检测,如图 7-14 所示。

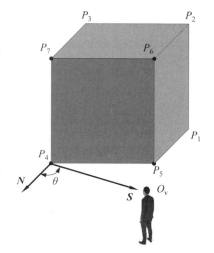

图 7-14　凸多面体消隐原理

凸多面体表面可见性检测条件如下：

当 $0° \leqslant \theta < 90°$ 时,$\cos\theta > 0$,表面可见,绘制多边形的边界线；当 $\theta = 90°$ 时,$\cos\theta = 0$,表面外法向量与视向量垂直,表面多边形退化为一条直线；当 $90° < \theta \leqslant 180°$ 时,$\cos\theta < 0$,表面不可见,不绘制该多边形的边界线。对于单位法向量 n、单位视向量 s,可以将 $n \cdot s \geqslant 0$ 作为绘制可见表面边界的基本条件。对于立方体而言,使用 $n \cdot s \geqslant 0$ 剔除了背向视点的 3 个不可见表面,只绘制朝向视点的 3 个可见表面。因此本算法也称为背面剔除算法。计算机图形学中,在渲染三维场景前,常使用本算法先剔除不可见表面,以提高绘制算法的执行效率。

7.5.2　曲面体消隐算法

曲面体实质上是用多面体表示的。曲面体的表面细分为三角形网格或四边形网格,也就是用平面网格来逼近表示,如图 7-15 所示。曲面体消隐的主要任务是判断各个三角形网格或四边形网格的可见性,可采用与凸多面体消隐类似的算法进行处理,即利用小网格的外法向量与视向量的数量积来进行可见性检测。

球面消隐前的线框模型透视投影如图 7-16(a)所示,北极点和南极点同时绘制出来,无法确认究竟是北极点朝向观察者还是南极点朝向观察者。使用背面剔除算法消隐后,可以

(a) 四边形网格

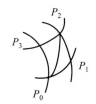

(b) "左上右下"三角形网格

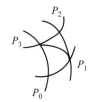

(c) "左下右上"三角形网格

图 7-15 球面网格

看出是北极点朝向观察者,如图 7-16(b)所示。

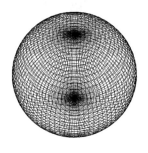

(a) 消隐前

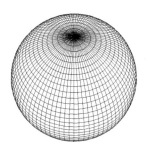

(b) 消隐后

图 7-16 球体背面剔除算法消隐

算法 29:背面剔除算法

7.6 隐藏面消除算法

　　隐藏面消除算法是指从视点的角度观察物体表面,离视点近的表面遮挡了离视点远的表面,屏幕上绘制的结果为所有可见表面投影的集合。最常用的可见面算法有两种,这两种算法都考察了物体表面的深度坐标。一种算法与表面的绘制顺序无关,但使用缓冲器记录了物体表面在屏幕上投影所覆盖范围内的全部像素的深度值和颜色值,依次访问屏幕范围内物体表面所覆盖的每一像素,用深度小(深度用 z 值表示,z 值小表示离视点近)的像素颜色取代深度大(z 值大表示离视点远)的像素颜色,可以实现消隐,该算法称为深度缓冲器算法。另一种算法是与表面的绘制顺序相关,屏幕上先绘制离视点远的表面,再绘制离视点近的表面,最后绘制的表面遮挡了先绘制的表面,该算法称为深度排序算法。

　　隐藏面消隐算法是在三维屏幕坐标系中讲解。建立图 7-17 所示的三维屏幕坐标系,原点 O_s 位于屏幕中心,x_s 轴水平向右为正,y_s 轴垂直向上为正,z_s 轴指向屏幕内部,$\{O_s;x_s,y_s,z_s\}$ 形成左手坐标系。设视点位于 z_s 轴负向,视线方向沿着 z_s 轴正向,指向 $x_sO_sy_s$ 坐标面。以下讲解中,在不产生理解错误的前提下,将 $\{O_s;x_s,y_s,z_s\}$ 简记为 $\{O;x,y,z\}$。

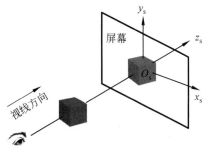

图 7-17 三维屏幕坐标系

7.6.1 深度缓冲器算法

1. 算法原理

Catmull 于 1974 年提出了深度缓冲器算法,该算法属于图像空间消隐范畴。在物体空间内不对表面的可见性进行检测,在图像空间中根据表面上各个像素的深度值,确定表面所覆盖的屏幕上像素的颜色。在三维屏幕坐标系中,通常用 z 坐标表示物体表面上各个点的深度,深度缓冲器也称为 z 缓冲器。z 缓冲器是帧缓冲器概念的推广,帧缓冲器用于存储图像空间中每个像素点的颜色,而 z 缓冲器用于存储图像空间中每个像素点的深度值。由于 z 缓冲器是个独立的深度缓冲器,所以深度缓冲器算法也称为 Z-Buffer 算法。

假定场景中有一个立方体,图 7-18 所示为立方体的透视投影图。平行于 z 轴的视线与立方体的"前面($P_4P_5P_6P_7$)"交于(x_1,y_1,z_1)点,与立方体的"后面($P_0P_3P_2P_1$)"交于(x_1,y_1,z_2)点。"前面"与"后面"在屏幕($x_sO_sy_s$ 面)上的投影坐标(x,y)相同,但 $z_1 < z_2$,即(x_1,y_1,z_1)点离视点近,而(x_1,y_1,z_2)点离视点远。因此,屏幕上的像素点(x,y),应着色为"前面"点(x_1,y_1,z_1)的颜色。

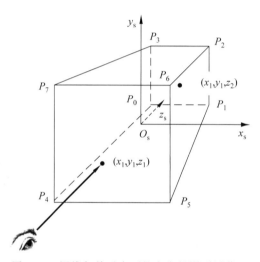

图 7-18　视线与前后表面的交点投影到屏幕上

Z-Buffer 算法需要建立两个缓冲器:一个是指定大小的深度缓冲器(depth buffer,简称 zBuffer),初始化为最大深度值;另一个是同样大小的帧缓冲器(frame buffer,简称 fBuffer),初始化为背景色。Z-Buffer 算法计算准备写入帧缓冲器的当前像素的深度值,并与已经存储在深度缓冲器中的原可见像素的深度值进行比较。如果当前像素的深度值小于原可见像素的深度值,表明当前像素更靠近观察者且遮挡了原像素,则将当前像素的颜色值写入帧缓冲器,同时用当前像素的深度值更新深度缓冲器。否则,不作更改。本算法的实质是对一给定视线上的(x,y),查找距离视点最近的 $z(x,y)$ 值。

2. 算法描述

(1) 设置帧缓冲器(fBuffer)初始值为背景色。

(2) 确定深度缓冲器(zBuffer)的宽度、高度和初始深度。一般将初始深度置为最大深度值。

（3）对于多边形表面中的每一像素(x,y)，计算其深度值$z(x,y)$。

（4）将z与存储在深度缓冲器中的(x,y)处的深度值$zBuffer(x,y)$进行比较。

（5）如果$z(x,y)\leqslant zBuffer(x,y)$，则将此像素的颜色写入帧缓冲器$fBuffer(x,y)$，且用$z(x,y)$重置$zBuffer(x,y)$。

3. 计算多边形表面内的采样点深度

使用 Z-Buffer 算法对多边形表面进行着色，这就需要先计算多边形表面内每一像素点的相对深度。下面以立方体为例进行说明。当立方体旋转到图 7-19 所示的位置时，每个表面都不与投影面平行。这时需要根据每个表面的方程，采用增量法计算扫描线上每一像素点的深度值。图 7-20 所示的多边形 $P_0P_1P_2P_3$ 为立方体一个表面，可以用增量法计算多边形跨度内，扫描线上每一像素的深度。平面一般方程为

$$Ax + By + Cz + D = 0 \tag{7-1}$$

其中，系数 A、B、C 是该平面法向量 $\boldsymbol{N}$ 的坐标，即 $\boldsymbol{N} = \{A, B, C\}$。

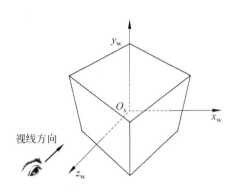

图 7-19　立方体任意一个位置

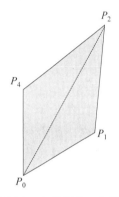

图 7-20　立方体的一个表面

根据多边形表面顶点坐标可以计算出两个边向量

$$\overrightarrow{P_0P_1} = \{x_1 - x_0, y_1 - y_0, z_1 - z_0\}, \qquad \overrightarrow{P_0P_2} = \{x_2 - x_0, y_2 - y_0, z_2 - z_0\}$$

法向量 $\boldsymbol{N}$ 为两个边向量的叉积。得到系数 A、B、C

$$\begin{cases} A = (y_1 - y_0)(z_2 - z_0) - (z_1 - z_0)(y_2 - y_0) \\ B = (z_1 - z_0)(x_2 - x_0) - (x_1 - x_0)(z_2 - z_0) \\ C = (x_1 - x_0)(y_2 - y_0) - (y_1 - y_0)(x_2 - x_0) \end{cases} \tag{7-2}$$

将 A、B、C 和点 $P_0(x_0, y_0, z_0)$ 代入式(7-1)，得

$$D = -Ax_0 - By_0 - Cz_0 \tag{7-3}$$

从式(7-1)计算出当前像素点(x,y)处的深度值

$$z(x,y) = -\frac{Ax + By + D}{C}, \quad C \neq 0 \tag{7-4}$$

这里，如果 $C=0$，说明多边形表面的法向量与 z 轴垂直，在 xOy 平面内的投影为一条直线，在算法中可以不予以考虑。

如果扫描线 y_i 与多边形表面的投影相交，左边界像素(x_i, y_i)的深度值为$z(x_i, y_i)$，其相邻点(x_{i+1}, y_i)处的深度值为$z(x_{i+1}, y_i)$。

$$z(x_{i+1}, y_i) = -\frac{A(x_i + 1) + By_i + D}{C} = z(x_i, y_i) - \frac{A}{C} \tag{7-5}$$

或

$$z(x_{i+1}) = z(x_i) - \frac{A}{C} \qquad (7\text{-}6)$$

其中，$-\dfrac{A}{C}$ 为常量，称为深度步长。

由式(7-5)可以计算出扫描线 y_i 上的所有后续像素点的深度值。在同一条扫描线上 y 为常数，深度增量可由一步加法完成，可用增量法计算沿扫描线上每一像素处的多边形深度。

对于下一条扫描线 $y = y_{i+1}$，其最左边的像素点的 x 值为

$$x(y_{i+1}) = x(y_i) + m \qquad (7\text{-}7)$$

其中，m 为边的斜率 k 的倒数，$m = 1/k$。

4. 深度的线性插值算法

根据顶点的深度值，采用双线性插值算法计算多边形内每一像素点的深度值，如图 7-21 所示。

$$\begin{cases} z_d = (1-t)z_a + tz_c \\ z_v = (1-t)z_b + tz_c, \quad t \in [0,1] \\ z_f = (1-t)z_d + tz_v \end{cases} \qquad (7\text{-}8)$$

其中，z_a、z_b、z_c 代表三角形顶点的深度值，z_d、z_e 代表三角形边与扫描线相交跨度两端的深度值，z_f 代表面内一点的深度值。

Z-Buffer 算法的最大优点在于算法简单，与场景复杂度无关，可以轻易地处理可见面问题以及复杂曲面之间的交线。由于物体表面可以按照任意次序写入帧缓冲器和深度缓冲器，故无须按深度优先级排序，节省了排序时间。对于显示器中的每个像素，Z-Buffer 算法需要逐点进行比较与处理。Z-Buffer 算法的缺点是需要占用大量的存储单元，如果用 1024×768 的缓冲器，用 32 位的颜色表示和 32 位的深度值，需要 6MB 的存储空间。场景中一般很少将深度缓冲器大小取为显示器窗口客户区的完整范围，而是先检测物体表面全部投影所覆盖的最大范围，然后再确定深度缓冲器的大小，这可以有效减少深度缓冲器的大小。深度缓冲器常用二维数组实现，数组的每个元素对应一个屏幕像素。图 7-22 中，红、绿、蓝三角形以循环方式彼此遮挡。对于每一像素点，Z-Buffer 算法可以根据其深度值判断填充色，从而可以正确着色。

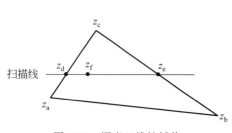

图 7-21　深度双线性插值

图 7-22　交叉三角形 Z-Buffer 消隐效果图

算法 30：Z-Buffer 算法

7.6.2 深度排序算法

深度排序算法也称为优先级表算法。深度排序算法是同时属于物体空间和图像空间的消隐算法。在物体空间中将按照表面距离视点的远近构造一个深度优先级表。若该表是完全确定的，则任意两个表面在深度上均不重叠。算法执行时，在图像空间中从离视点最远的表面开始，依次将各个表面写入帧缓冲器。表中离视点较近的表面覆盖帧缓冲器中原有的内容，于是隐藏面得到消除。这种消隐算法通常被称为画家算法（painter's algorithm），是由于算法执行过程与画家创作一幅油画过程类似。画家在创作一幅油画时，总是先绘制背景，再绘制中间景物，最后才绘制近处景物。不同的颜料依次堆积，覆盖了部分前面绘制的景物，形成层次分明的艺术作品，如图 7-23 所示。

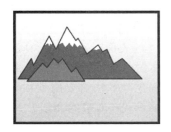  

(a) 绘制背景 (b) 绘制中景 (c) 绘制近景

图 7-23 画家绘画步骤

1. 算法原理

假定视点位于三维屏幕坐标系 z 轴负向的某一位置（对于正交投影，假定视点位于 z 轴负向的无穷远处），则离视点远的表面具有较大的深度，离视点近的表面具有较小的深度。这里，三维平面多边形取所有顶点中的最大 z 坐标，代表该表面的深度。

2. 算法描述

先将物体的各个表面按面的深度排序形成深度优先级表，z 大者位于表头，z 小者位于表尾。然后按照从表头到表尾的顺序，逐个取出多边形表面投影到屏幕上，后绘制的表面覆盖先绘制的表面，相当于消除了隐藏面。

（1）按 z 从大（远）到小（近）的顺序对所有多边形排序。

（2）解决 z 方向上出现的多边形深度二义性问题，必要时对多边形进行分割，获得一个确定的深度优先级。

（3）按 z 由大到小的顺序，依次光栅化每一个多边形。

3. 消隐实例

对于圆环面等一些特殊的凹多面体，绘制网格模型时，使用背面剔除算法并不能完全消除隐藏线。例如，当圆环面垂直于投影面时，消隐结果存在"错误"，如图 7-24(a) 所示。背面剔除算法同时保留了内环面的"前面"和外环面的"前面"。将圆环面内部填充为白色，边界线用黑色表示，使用深度排序算法消隐，效果如图 7-24(b) 所示。

算法 31：画家算法

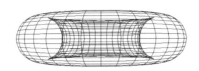
(a) 错误消隐

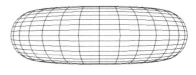
(b) 正确消隐

图 7-24　圆环网格模型消隐

7.7　本章小结

边界表示法使用点表与面表可以直观地建立物体的几何模型。隐藏线消除算法中主要讲解了背面剔除算法,背面剔除算法实质上也是一种面消隐算法。隐藏面消除算法中讲解了 Z-Buffer 算法和画家算法。Z-Buffer 算法是像素级的消隐算法,判断多边形投影后每个像素的遮挡情况;画家算法是多边形级别的消隐算法,判断每个不重叠多边形的遮挡情况,可以选择是否绘制可见多边形的边界线,消隐结果是一个个独立的表面。Z Buffer 算法是图像空间法,而画家算法是物像空间法,在物体空间进行排序,在图像空间进行消隐。相比而言,Z-Buffer 算法更为通用,可以针对交叉面进行消隐。隐藏面消除算法需要用到物体表面的伪深度坐标,也就是需要在三维透视变换中给出 z 值,请读者参见 5.6 节的介绍。

习　题　7

1. 从单位立方体的顶面中心向 4 个底面顶点连线,制作金字塔的几何模型,如图 7-25 所示。假定 $V_0 \sim V_3$ 代表底面 4 个顶点,V_4 代表塔尖顶点,试写出金字塔的点表,填入表 7-5。假定 F_0 代表底面,$F_1 \sim F_4$ 依次代表左右前后表面,试将顶点索引号写入金字塔的面表,填入表 7-6。

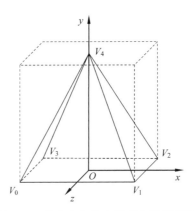

图 7-25　单位立方体内定义金字塔模型

表 7-5　金字塔顶点表

顶点	x 坐标	y 坐标	z 坐标	顶点	x 坐标	y 坐标	z 坐标
V_0				V_3			
V_1				V_4			
V_2							

表 7-6　金字塔面表

面	顶点数	第 1 个顶点	第 2 个顶点	第 3 个顶点	第 4 个顶点
F_0					
F_1					
F_2					
F_3					
F_4					

2. 假设视向量为 $V(10,20,30)$，三角形的面法向量为 $N(-30,-20,10)$，判断该表面是正面还是背面？

3. 给定三角形的顶点坐标 $V_0(-400,-300,0)$、$V_1(400,-200,100)$ 和 $V_2(200,300,200)$，三角形如图 7-26 所示。试写出三角形的平面方程并计算面内扫描线的深度步长。

4. 若已知多边形内一个像素 $P_i(x_i,y_i)$ 的深度值 z_i，用增量法推导下列像素处多边形的深度值的递推公式：

(1) 同一扫描线上，下一像素 $P_i(x_{i+1},y_i)$ 的深度值 z_{i+1}；

(2) 下一条扫描线上，同一 x 位置 $P_i(x_i,y_{i+1})$ 的深度值 z_{i+1}；

5. 图 7-27 所示为红绿蓝色填充的三角形。三角形的深度彼此交叉，R 三角形比 B 三角形离视点近，B 三角形比 G 三角形离视点近，而 G 三角形比 R 三角形离视点近。分别说明如何使用深度缓冲器算法和深度排序算法绘制该图形。

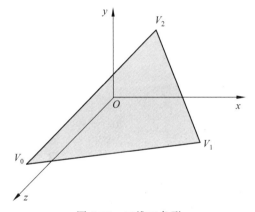

图 7-26　三维三角形

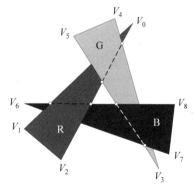

图 7-27　绘制交叉三角形

第8章 真实感图形

真实感图形是一种计算机图形生成技术,首先在计算机中构造出所需三维场景的几何模型,然后根据假定的光照条件,计算屏幕上可见的各物体表面上的光强,使观众产生如临其境、如见其物的视觉效果。计算机图形学绘制真实感图形的方法与传统的照相过程很相似。照相的步骤为架设相机、选择场景、拍摄照片、冲洗成像。在计算机图形学中,如果将视点看作是相机,真实感图形则是场景的一张快照。事实上,架设相机相当于选择视点;选择场景相当于确定观察空间;拍摄照片相当于完成一系列图形变换,并对场景进行透视投影;冲洗成像相当于使用光照模型算法,将三维场景绘制到二维屏幕上。三维场景中一般包括光源、物体和观察者三个对象,观察者观察光源照射下的物体,所得结果在屏幕上成像。三维场景架构如图 8-1 所示。

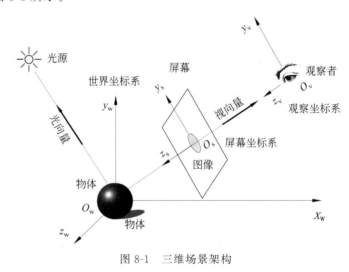

图 8-1　三维场景架构

8.1　颜 色 模 型

红、绿、蓝三原色是基于人眼视觉感知的三刺激理论设计的。三刺激理论认为,人眼的视网膜中有 3 种类型的视锥细胞,分别对红、绿、蓝 3 种色光最敏感。人眼光谱灵敏度实验曲线证明,这些光在波长为 700nm(红色)、546nm(绿色)和 436nm(蓝色)时的刺激点达到高峰,称为 RGB 三原色。三原色有这样的两个性质:以适当比例混合可以得到白色,任意两种原色的组合都得不到第三种原色;通过三原色的组合可以得到可见光谱中的任何一种颜色。

RGB 颜色模型是显示器使用的物理模型,无论软件开发中使用何种颜色模型,只要是绘制到计算机屏幕上,图像最终是以 RGB 颜色模型表示的。

RGB 颜色模型可以用一个单位立方体表示,如图 8-2 所示。若规范化 R、G、B 分量到区间[0,1]内,则所定义的颜色位于 RGB 立方体内部。原点(0,0,0)代表黑色,顶点(1,1,1)

代表白色。坐标轴上的 3 个立方体顶点(1,0,0)、(0,1,0)、(0,0,1),分别表示 RGB 三原色红、绿、蓝;余下的 3 个顶点(1,0,1)、(1,1,0)、(0,1,1)则表示三原色的补色品红、黄色、青色。立方体对角线上的颜色是互补色。在立方体的主对角线上,颜色从黑色过渡到白色,各原色的变化率相等,产生了由黑到白的灰度变化,称为灰度色。灰度色就是指纯黑、纯白以及两者中的一系列从黑到白的过渡色,灰度色中不包含任何色调。例如,(0,0,0)代表黑色,(1,1,1)代表白色,而(0.5,0.5,0.5)代表其中一个灰度。只有当 R、G、B 三原色的变化率不同步时,才会出现彩色,如图 8-3 所示。

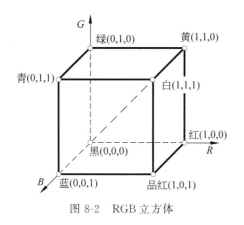

图 8-2　RGB 立方体

图 8-3　RGB 颜色立方体

在 MFC 中进行颜色设计时,一般使用 RGB 宏表示颜色。每个原色分量用 1B 长度表示,最大强度为 255,最小强度为 0,有 256 级灰度。RGB 颜色总共能组合出 $2^{24}=16777216$ 种颜色,通常称为千万色或 24 位真彩色。为了对颜色进行融合以产生透明效果,往往还给 RGB 颜色模型添加一个 α(alpha)分量代表透明度,形成 RGBA 模型。

8.2　光 照 模 型

绘制球体表面模型时,如果每个三角形网格的顶点全部设置为同一种颜色(如红色),效果如图 8-4(a)所示。从图中可以看出,虽然球体是使用三维坐标建立的立体模型,但透视投影效果却是二维的圆。要使球体具有立体感,必须使用光照模型进行绘制。假设场景中有一个点光源(point light source)位于球体右上方,视点位于前面的右上方,球面光照模型效果如图 8-4(b)所示,充分说明光照是增强图形立体感的重要技术手段。

(a) 无光照

(b) 有光照

图 8-4　球体表面模型

光照模型是根据光学物理的有关定律,计算在特定光源的照射下,物体表面上一点投向视点的光强。光强指的是光照的亮度。当光线照射到物体表面时,可能被吸收、反射或透射。被吸收的光部分转化为热,其余部分则向四周反射或透射。透射是入射光经过折射后,穿过透明物体的出射现象。朝向视点的反射光或透射光进入视觉系统,使物体可见。若朝向视点的反射光或透射光的波长相等,物体表面呈现白色或不同层次;反之,物体表面呈现彩色,其颜色取决于反射光或透射光的主波长。

计算机图形学中的光照模型(lighting model)计算物体表面各点处的光亮度,也称为明暗处理模型(shading model)。光照模型细分为局部光照模型(local lighting model)和全局光照模型(global lighting model)。局部光照模型仅考虑光源直接照射到物体表面上所产生的效果,通常假设物体表面不透明且具有均匀的反射率。局部光照模型能够表现出光源照射到漫反射物体表面上所形成的连续明暗色调、镜面高光以及由于物体相互遮挡而形成的阴影。局部光照模型计算到达视点的光强时,只考虑了表面的入射光线和表面法向。全局光照模型中,考虑了光源的间接照射,因此场景中其他物体反射或透射过来的光以及任意一个光源的入射光均需计算。全局光照模型能模拟镜面的反射、玻璃的透射以及物体之间的互相辉映等精确的光照效果。使用全局光照模型进行计算时,物体表面网格内的每个像素都调用光照模型计算光强。本节讲解简单的局部光照模型,称为简单光照模型(simple lighting model)。

8.2.1 简单光照模型

简单光照模型假定光源为点光源,入射光仅由红、绿、蓝3种不同波长的光组成;物体为非透明物体,物体表面所呈现的颜色仅由反射光决定,不考虑透射光的影响;反射光被细分为漫反射光(diffuse light)和镜面反射光(specular light)两种。简单光照模型只考虑物体对直接光照的反射作用,而物体之间的反射作用,用环境光(ambient light)统一表示。点光源是对场景中比物体小得多的光源的最适合的逼近,如灯泡就是一个点光源。简单光照模型由环境光分量、漫反射光分量和镜面反射光分量组成,属于经验模型。环境光、漫反射光与视点位置无关,镜面反射光与视点位置紧密相关。

简单光照模型表示为

$$I = I_e + I_d + I_s \tag{8-1}$$

式中,I 表示物体表面上一点反射到视点的光强;I_e 表示环境光光强;I_d 表示漫反射光光强;I_s 表示镜面反射光光强。

8.2.2 材质属性

物体的材质属性是指物体表面对光的吸收、反射和透射的性能。由于研究的是简单光照模型,所以只考虑材质的反射属性。

同光源一样,材质属性也由环境反射率、漫反射反射率和镜面反射率等分量组成,分别说明了物体对环境光、漫反射光和镜面反射光的反射率。在进行光照计算时,材质的环境反射率与场景的环境光分量相结合,漫反射率与光源的漫反射光分量相结合,镜面反射率与光源的镜面反射光分量相结合。由于镜面反射光影响范围很小,而环境光是常数,所以材质的漫反射率决定物体的颜色。

设物体材质的漫反射率的 RGB 值为 $(m_{dR}=1, m_{dG}=0.5, m_{dB}=0)$,则它反射全部红光,反射一半绿光,不反射蓝光。现在,假定有一个点光源的漫反射光的光强为 $(I_{dR}=1, I_{dG}=1, I_{dB}=1)$。那么,当点光源照射到物体上时,视点得到的光强的 RGB 值为 $(I_{dR} \times m_{dR}, I_{dG} \times m_{dG}, I_{dB} \times m_{dB})=(1, 0.5, 0)$。假设物体的环境反射率和漫反射率相等,如取为表 8-1 所示的 6 组值,可以绘制出不同颜色的物体,如图 8-5 所示。

表 8-1　材质属性中漫反射率对物体颜色的影响

m_{dR}	m_{dG}	m_{dB}
1	0.5	0
1	0	0.5
0.5	1	0
0.5	0	1.0
0	1	0.5
0	0.5	1

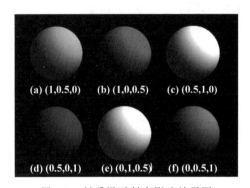

图 8-5　材质漫反射率影响效果图

表 8-2 给出了几种常用物体的材质属性。例如,"金"材质的环境反射率的 RGB 分量为 0.247、0.2 和 0.075,漫反射率的 RGB 分量为 0.752、0.606 和 0.226,镜面反射率的 RGB 分量为 0.628、0.556 和 0.366。表 8-2 中的最后一列为高光指数,描述了镜面反射光的会聚程度。高光指数一般使用实验方法测定。表 8-2 绘制的物体光照效果如图 8-6 所示。

表 8-2　常用物体的材质属性

材质名称	RGB 分量	环境反射率	漫反射率	镜面反射率	高光指数
金	R	0.247	0.752	0.628	
	G	0.200	0.606	0.556	30
	B	0.075	0.226	0.366	

材质名称	RGB 分量	环境反射率	漫反射率	镜面反射率	高光指数
银	R				
	G	0.192	0.508	0.508	30
	B				
红宝石	R	0.175	0.614	0.728	
	G	0.012	0.041	0.527	11
	B				
绿宝石	R	0.022	0.076	0.633	
	G	0.175	0.614	0.728	11
	B	0.023	0.075	0.633	

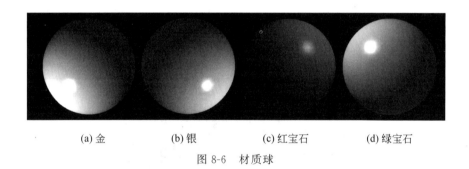

(a) 金　　　　(b) 银　　　　(c) 红宝石　　　　(d) 绿宝石

图 8-6　材质球

8.2.3　环境光

有时尽管物体没有受到光源的直射,但其表面仍有一定的亮度,这是环境光在起作用。
环境光是环境中其他物体上的光经过多个物体表面多次反射
后出来的光。由周围物体多次反射所产生的环境光来自各个
方向,又均匀地向各个方向反射,如图 8-7 所示。在简单光照
模型中,环境光是一种全局光,独立于任何一个普通的点光
源,代表了场景中的整体光照水平,通常用一个常数项来近似
模拟环境。

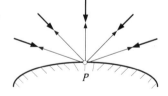

图 8-7　环境光的几何表示

物体上一点 P 的环境光光强 I_e 可表示为

$$I_e = k_a I_a, \quad k_a \in [0, 1] \tag{8-2}$$

式中,I_a 表示来自周围环境的入射光强;k_a 为材质的环境反射率。

8.2.4　漫反射光

漫反射光可以认为是在点光源的照射下,光被物体表面吸收后重新反射出来的光。一
个理想漫反射体表面是非常粗糙的,漫反射光不会集中到某个角度附近。漫反射光从一点
照射,均匀地向各个方向散射。因此,漫反射光只与光源的位置有关,而与视点的位置无关,

如图 8-8 所示。正是由于漫反射光才使物体清晰可见。

Lambert 余弦定律总结了点光源发出的光线照射到一个理想漫反射体上的反射法则。根据 Lambert 余弦定律，一个理想漫反射体表面上反射出来的漫反射光强同入射光与物体表面法线之间夹角的余弦成正比。

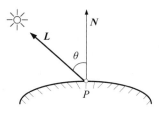

图 8-8　漫反射光的几何表示

物体上一点 P 的漫反射光光强 I_d 表示为

$$I_d = k_d I_p \cos\theta, \quad \theta \in [0, \pi/2], k_d \in [0, 1] \tag{8-3}$$

式中，I_p 为点光源所发出的入射光强；k_d 为材质的漫反射率；θ 为入射光与物体表面法向量之间的夹角，称为入射角。当入射角 θ 为 0°～90°时，即 $0 \leqslant \cos\theta \leqslant 1$ 时，点光源才能照亮物体表面；当入射角 $\theta > 90°$ 时，$\cos\theta < 0°$，点光源位于 P 点的背面，对 P 点的光强贡献应取为零。当入射角 θ 为 0°时，点光源垂直照射到物体表面的 P 点上，此时漫反射光最强。当入射光以相同的入射角照射在不同材质属性的物体表面时，这些表面会呈现不同的颜色，这是由于不同的材质具有不同的漫反射率。在简单光照模型中，通过设置物体材质属性的漫反射率 k_d 来控制物体表面的颜色。

设物体表面上一点 P 的单位法向量为 $\boldsymbol{N}$，从 P 点指向点光源的单位入射光向量为 $\boldsymbol{L}$，有 $\cos\theta = \boldsymbol{L} \cdot \boldsymbol{N}$。式(8-3)改写为

$$I_d = k_d I_p (\boldsymbol{L} \cdot \boldsymbol{N}) \tag{8-4}$$

考虑到点光源位于 P 点的背面时，$\boldsymbol{N} \cdot \boldsymbol{L}$ 计算结果为负值，应取为 0，有

$$I_d = k_d I_p \cdot \max(\boldsymbol{L} \cdot \boldsymbol{N}, 0) \tag{8-5}$$

以不同的 k_d 值，代入式(8-5)绘制的球体如图 8-9 所示。

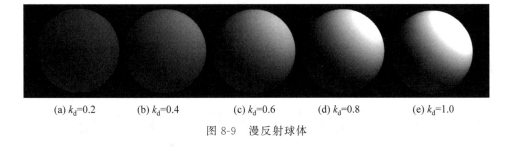

(a) $k_d = 0.2$　　(b) $k_d = 0.4$　　(c) $k_d = 0.6$　　(d) $k_d = 0.8$　　(e) $k_d = 1.0$

图 8-9　漫反射球体

8.2.5　镜面反射光

漫反射体表面粗糙不平，而镜面反射体表面则比较光滑。镜面反射光是只朝一个方向反射的光，具有很强的方向性，并遵守反射定律，如图 8-10 所示。镜面反射光会在光滑物体表面形成一片非常明亮的区域，称为高光区域。用 $\boldsymbol{R}$ 表示镜面反射方向的单位向量，$\boldsymbol{L}$ 表示从物体表面指向点光源的单位向量，$\boldsymbol{V}$ 表示从物体表面指向视点的单位向量，α 是 $\boldsymbol{V}$ 与 $\boldsymbol{R}$ 之间的夹角。

对于理想的镜面反射表面，反射角等于入射角，只有严格位于反射方向 $\boldsymbol{R}$ 上的观察者才能看到

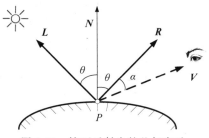

图 8-10　镜面反射光的几何表示

反射光,即仅当 **V** 与 **R** 重合时才能观察到镜面反射光,在其他方向几乎观察不到镜面反射光,这种镜面反射称为完全镜面反射;对于非理想反射表面,镜面反射光集中在一个范围内,从 **R** 方向上观察到的镜面反射光光强最强。在 **V** 方向上仍然能够观察到部分镜面反射光,只是随着 α 角的增大,镜面反射光光强逐渐减弱,这种镜面反射称为光泽镜面反射。究竟有多少镜面反射光能够到达观察者的眼睛,这取决于镜面反射光的空间分布。

1975 年,Bui Tuong Phong 提出一个计算镜面反射光强的经验公式,使用余弦函数的幂次方来模拟镜面反射光光强的空间分布,称为 Phong 模型。

物体上一点 P 的镜面反射光的光强 I_s 表示为

$$I_s = k_s I_p \cos^n \alpha, \quad 0 \leqslant \alpha \leqslant \pi/2, \quad k_s \in [0,1] \tag{8-6}$$

式中,I_p 为点光源所发出的入射光强;k_s 为材质的镜面反射率;镜面反射光光强与 $\cos^n \alpha$ 成正比,$\cos^n \alpha$ 近似地描述了镜面反射光的空间分布。n 为材质的高光指数,反映了物体表面的光滑程度。图 8-11 给出了 $\cos^n \alpha$ 曲线的空间分布情况,由外向内 n 依次取为 $1 \sim 150$。对于光滑的金属表面,n 值较大,高光斑点较小;对于粗糙的非金属表面,n 值则较小,高光斑点较大。Phong 给出的 n 的取值为 $1 \sim 10$,并指出这只是经验值并非材料的物理测量值。n 一般的取值范围为 $1 \sim 100$,绘制的球体高光如图 8-12 所示。

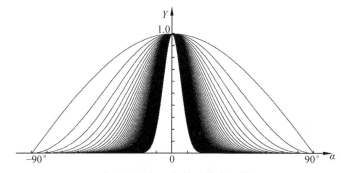

图 8-11　高光指数的分布函数

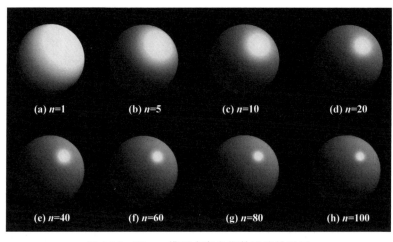

图 8-12　Phong 模型中高光指数影响效果图

在简单光照模型中，镜面反射光颜色和入射光颜色相同，也即镜面反射光的高光区域只反映光源的颜色。在白光的照射下，物体的高光区域显示白色；在红光的照射下，物体的高光区域显示红色。镜面光反射率 k_s 是一个与物体颜色无关的参数。

对于单位向量 R 和 V，有 $\cos\alpha = R \cdot V$。考虑 $\alpha > 90°$ 时，$R \cdot V$ 计算结果为负值，应取为 0，式 (8-6) 改写为

$$I_s = k_s I_p \max(R \cdot V, 0)^n \qquad (8\text{-}7)$$

从式 (8-7) 不难看出，镜面反射光光强不仅取决于物体表面的法线方向，而且依赖于光源与视点的相对位置。只有当视点位于比较合适的位置时，才可以观察到物体表面某些区域呈现的高光。当视点位置发生改变时，高光区域也会随之消失。

求解式 (8-7) 涉及反射方向 R 和视线方向 V 两个单位向量。当指定观察者的位置后，V 的计算非常简单。下面讲解如何计算 R。

根据反射定律，对于理想镜面反射，反射光线 R 和入射光线 L 对称地分布在 P 点的法向量 N 的两侧，且具有相同的光强。则 R 可通过单位入射光向量 L 和单位法向量 N 计算出来。在图 8-13 中，根据平行四边形法则，$L + R$ 与 N 平行。由于 L 在 N 上的投影为 $N \cdot L$。从图中可以看出 $R + L = 2(N \cdot L)N$，则

$$R = 2(N \cdot L)N - L \qquad (8\text{-}8)$$

其中，R 表示一个单位向量。

这样，Phong 模型为

$$I = I_e + I_d + I_s = k_a I_a + k_d I_p \max(N \cdot L, 0) + k_s I_p \max(R \cdot V, 0)^n \qquad (8\text{-}9)$$

1977 年，James Blinn 对 Phong 模型做了实质性的改进，指出中分向量 H 的方向是最大镜面反射光强方向，称为 Blinn-Phong 模型。假设光源位于无穷远处，即单位入射光向量 L 为常数。假设视点位于无穷远处，即单位视向量 V 为常数。Blinn 用 $N \cdot H$ 代替 $R \cdot V$。其中，中分向量 H 取为单位光向量 L 和单位视向量 V 的平分向量，如图 8-14 所示。

$$H = \frac{L + V}{|L + V|} \qquad (8\text{-}10)$$

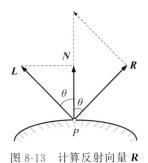

图 8-13　计算反射向量 R

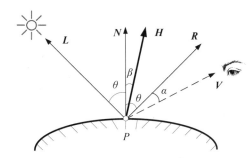

图 8-14　计算中分向量 H

镜面反射光模型表述为

$$I_s = k_s I_p \cdot (N \cdot H)^n \qquad (8\text{-}11)$$

考虑 $\beta > 90°$ 时，$N \cdot H$ 计算结果为负值，应取为 0，有

$$I_s = k_s I_p \max(N \cdot H, 0)^n \qquad (8\text{-}12)$$

这样，Blinn-Phong 模型为

$$I = I_e + I_d + I_s = k_a I_a + k_d I_p \max(\boldsymbol{N} \cdot \boldsymbol{L}, 0) + k_s I_p \max(\boldsymbol{N} \cdot \boldsymbol{H}, 0)^n \quad (8\text{-}13)$$

由于 $\boldsymbol{L}$ 和 $\boldsymbol{V}$ 都是常量,因此 $\boldsymbol{H}$ 只需计算一次,节省了计算时间。图 8-14 中,β 为 $\boldsymbol{N}$ 和 $\boldsymbol{H}$ 的夹角,α 为 $\boldsymbol{R}$ 和 $\boldsymbol{V}$ 的夹角。容易得到 $\beta = \alpha/2$,β 称为半角。使用式(8-9)和式(8-13)的计算结果有一定差异,表现为 Blinn-Phong 模型的高光区域大于 Phong 模型的高光区域。由于光照模型是经验公式,可以通过加大高光指数 n 来减小两个光照模型的高光效果。

8.2.6 光源衰减

入射光的光强随着光源与物体之间距离的增加而减弱,强度则按照光源到物体距离(d)的 $1/d^2$ 进行衰减,表明接近光源的物体表面(d 较小)得到的入射光强度较强,而远离光源的物体表面(d 较大)得到的入射光强度较弱。因此,绘制真实感图形时,在光照模型中应该计算光源的衰减。对于点光源,常使用 d 的二次函数的倒数来衰减光强。

$$f(d) = \min\left(1, \frac{1}{c_0 + c_1 d + c_2 d^2}\right) \quad (8\text{-}14)$$

式中,d 为点光源位置到物体顶点 P 的距离,也即光传播的距离,其值可以通过计算入射光向量 $\boldsymbol{L}$ 的模长得到。c_0、c_1 和 c_2 为与光源相关的参数。c_0 为常数衰减因子,c_1 为线性衰减因子,c_2 为二次衰减因子。当光源很近时,常数 c_0 防止分母变得太小,同时该表达式被限定在最大值 1 之内,以确保总是衰减的。衰减只对包含点光源的漫反射光和镜面反射光起作用。

考虑光源衰减的单光源简单光照模型为

$$I = k_a I_a + f(d)\left[k_d I_p \max(\boldsymbol{N} \cdot \boldsymbol{L}, 0) + k_s I_p \max(\boldsymbol{N} \cdot \boldsymbol{H}, 0)^n\right] \quad (8\text{-}15)$$

如果场景中有多个点光源,则简单光照模型可表示为

$$I = k_a I_a + \sum_{i=1}^{n-1} f(d_i)\left[k_d I_{p,i} \max(\boldsymbol{N} \cdot \boldsymbol{L}, 0) + k_s I_{p,i} \max(\boldsymbol{N} \cdot \boldsymbol{H}, 0)^n\right] \quad (8\text{-}16)$$

式中,n 为点光源数量;d_i 为光源 i 到物体表面顶点 P 的距离。

8.2.7 增加颜色

前面介绍的光照模型只考虑了光的强度,没有考虑光的颜色,所以也称为明暗处理模型。在真实感图形绘制中要解决的是彩色物体表面反射彩色光的问题,也即光照是通过颜色来表达的,这需要为明暗处理模型增加颜色信息。由于计算机中采用的是 RGB 颜色模型,因此分别建立关于红、绿、蓝 3 个分量的光照模型。

环境光光强 I_a 可以表示为

$$I_a = (I_{aR}, I_{aG}, I_{aB}) \quad (8\text{-}17)$$

式中,I_{aR},I_{aG},I_{aB},分别为环境光光强的红、绿、蓝分量。类似地,入射光的光强 I_p 可以表示为

$$I_p = (I_{pR}, I_{pG}, I_{pB}) \quad (8\text{-}18)$$

而环境反射率 k_a 可以表示为

$$k_a = (k_{aR}, k_{aG}, k_{aB}) \quad (8\text{-}19)$$

式中,k_{aR},k_{aG},k_{aB},分别为环境光反射率的红、绿、蓝分量。类似地,漫反射率 k_d 可以表示为

$$k_d = (k_{dR}, k_{dG}, k_{dB}) \quad (8\text{-}20)$$

镜面反射率 k_s 可以表示为

$$k_s = (k_{sR}, k_{sG}, k_{sB})\tag{8-21}$$

对式(8-16)进行扩展,计算多个点光源照射下物体表面 P 点所获得的光强的红、绿、蓝分量的公式为

$$
\begin{cases}
I_R = k_{aR}I_{aR} + \displaystyle\sum_{i=0}^{n-1} f(d_i)\left[k_{dR}I_{pR,i}\max(\boldsymbol{N}\cdot L_i, 0) + k_{sR}I_{pR,i}\max(\boldsymbol{N}\cdot H_i, 0)^n\right] \\[2mm]
I_G = k_{aG}I_{aG} + \displaystyle\sum_{i=0}^{n-1} f(d_i)\left[k_{dG}I_{pG,i}\max(\boldsymbol{N}\cdot L_i, 0) + k_{sG}I_{pG,i}\max(\boldsymbol{N}\cdot H_i, 0)^n\right] \\[2mm]
I_B = k_{aB}I_{aB} + \displaystyle\sum_{i=0}^{n-1} f(d_i)\left[k_{dB}I_{pB,i}\max(\boldsymbol{N}\cdot L_i, 0) + k_{sB}I_{pB,i}\max(\boldsymbol{N}\cdot H_i, 0)^n\right]
\end{cases}
$$

$$\tag{8-22}$$

在程序里,入射光光强不再用单一的 I_p 表达,而是采用 I_d^p 和 I_s^p 来表示,分别表示光源的漫反射光强和镜面反射光强。这样式(8-22)可以改写为

$$
\begin{cases}
I_R = k_{aR}I_{aR} + \displaystyle\sum_{i=0}^{n-1} f(d_i)\left[k_{dR}I_{dR,i}^p\max(\boldsymbol{N}\cdot L_i, 0) + k_{sR}I_{sR,i}^p\max(\boldsymbol{N}\cdot H_i, 0)^n\right] \\[2mm]
I_G = k_{aG}I_{aG} + \displaystyle\sum_{i=0}^{n-1} f(d_i)\left[k_{dG}I_{dG,i}^p\max(\boldsymbol{N}\cdot L_i, 0) + k_{sG}I_{sG,i}^p\max(\boldsymbol{N}\cdot H_i, 0)^n\right] \\[2mm]
I_B = k_{aB}I_{aB} + \displaystyle\sum_{i=0}^{n-1} f(d_i)\left[k_{dB}I_{dB,i}^p\max(\boldsymbol{N}\cdot L_i, 0) + k_{sB}I_{sB,i}^p\max(\boldsymbol{N}\cdot H_i, 0)^n\right]
\end{cases}
$$

$$\tag{8-23}$$

由于光强的颜色分量为计算值,可能会超越颜色显示范围。需要规范化到 $[0,1]$ 区间,才能在 RGB 颜色模型中正确显示。就简单光照模型而言,由于镜面高光一直保持为白色,也可以只计算环境光和漫反射光的颜色分量。

算法 32:简单光照模型算法

8.3 光 滑 着 色

人眼的视觉系统对光强微小的差别表现出极强的敏感性,在绘制真实感图形时应使用多边形的光滑着色代替平面着色,以减弱多边形边界所带来的马赫带效应。多边形的光滑着色模式主要有 Gouraud 明暗处理和 Phong 明暗处理。这两种技术更准确地应称为 Gouraud 光强插值和 Phong 法向插值。

8.3.1 Gouraud 明暗处理

法国计算机学家 Gouraud 于 1971 年提出了双线性光强插值模型,也称为 Gouraud 明暗处理。它的主要思想是,先计算多边形各顶点的平均法向量,然后调用简单光照模型计算各顶点的光强,多边形内部各点的光强则通过对多边形顶点光强的双线性插值得到。Gouraud 明暗处理的实现步骤如下。

（1）计算多边形顶点的平均法向量。图 8-15 所示的多边形网格中，顶点 P 被 $n(n=8)$ 个多边形(三角形)所共享。P 点的平均法向量 $\boldsymbol{N}$ 应取共享 P 点的所有三角形网格的表面法向量 $\boldsymbol{N}_i$ 的平均值。

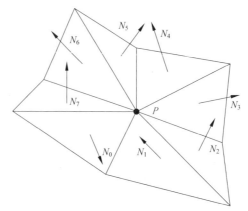

图 8-15　计算共享顶点的法向量

$$N = \frac{\sum\limits_{i=0}^{n-1} \boldsymbol{N}_i}{\left| \sum\limits_{i=0}^{n-1} \boldsymbol{N}_i \right|} \tag{8-24}$$

式中，$\boldsymbol{N}_i$ 为共享顶点 P 的多边形网格的法向量，$\boldsymbol{N}$ 为顶点法向量。

（2）对多边形网格的每个顶点调用简单光照模型计算所获得的光强。

（3）根据每个多边形网格顶点的光强，按照扫描线顺序使用线性插值计算多边形网格边上每一点的光强。

（4）在扫描线与多边形相交跨度内，使用线性插值计算每一点的光强。然后再将光强分解为 RGB 三原色的颜色值。

Gouraud 采用双线性插值算法计算多边形内一点的光强，如图 8-16 所示。

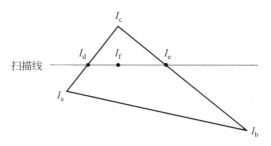

图 8-16　双线性光强插值

$$\begin{cases} I_{\mathrm{d}} = (1-t)I_{\mathrm{a}} + tI_{\mathrm{c}} \\ I_{\mathrm{e}} = (1-t)I_{\mathrm{b}} + tI_{\mathrm{c}} \quad t \in [0,1] \\ I_{\mathrm{f}} = (1-t)I_{\mathrm{d}} + tI_{\mathrm{e}} \end{cases} \tag{8-25}$$

Gouraud 明暗处理可以非常容易地与扫描线算法结合起来计算多边形小面内各点的光强。

算法 33：Gouraud 明暗处理算法

8.3.2　Phong 明暗处理

Phong 于 1975 年提出的双线性法矢插值模型,有效地修复了 Gouraud 明暗处理存在的马赫带缺陷。在局部范围内模拟了表面的弯曲性,使得镜面高光更加真实。双线性法矢插值模型也称为 Phong 明暗处理。Phong 明暗处理首先计算多边形网格的每个顶点的平均法向量,然后使用双线性插值计算多边形内部各点的法向量。最后才使用多边形网格上各点的法向量调用简单光照模型计算其所获得的光强。Phong 明暗处理的实现步骤如下。

（1）计算多边形顶点的平均法向量。

$$N = \frac{\sum\limits_{i=0}^{n-1} N_i}{\left| \sum\limits_{i=0}^{n-1} N_i \right|} \tag{8-26}$$

式中,N_i 为共享顶点的多边形网格的法向量,N 为平均法向量。

（2）双线性插值计算多边形内部各点的法向量。

Phong 采用双线性插值计算多边形内一点的法向量,如图 8-17 所示。

$$\begin{cases} N_d = (1-t)N_a + tN_c \\ N_e = (1-t)N_b + tN_c \quad t \in [0,1] \\ N_f = (1-t)N_d + tN_e \end{cases} \tag{8-27}$$

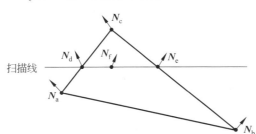

图 8-17　Phong 双线性法向量插值

（3）多边形内的每一点使用法向量调用简单光照模型计算所获得的光强,然后再将光强分解为该点的 RGB 颜色的三原色分量。需要注意的是,插值后的法向量也需要规范化为单位向量,才能用于光强计算中。

算法 34：Phong 明暗处理算法

对于表 8-3 给出的"红宝石"材质属性的球面,取同样的光源的位置和朝向,使用 Flat 着色、Gouraud 光滑着色和 Phong 光滑着色绘制单光源简单光照模型,效果如图 8-18 所示。

(a) Flat 着色　　　　　　　　(b) Gouraud 着色　　　　　　　(c) Phong 着色

图 8-18　球面明暗处理的高光效果图

8.4 纹 理 映 射

纹理在增强物体表面细节方面起着重要的作用。二维纹理定义在纹理空间(texture space)中,用规范的(u,v)坐标表示。物体一般定义在三维空间(x,y,z)中,称为物体空间(object space)。特殊地,曲面体常用参数(θ,φ)描述,所以物体空间也称为参数空间(parameter space)。物体以图像的形式输出到屏幕上,用二维坐标(x_s,y_s)表示,称为屏幕空间(screen space)。为物体表面添加纹理的技术称为纹理映射(texture mapping)。纹理映射建立物体表面上的每一点与已知图像上各点的对应关系,并取图像上相应点的颜色值作为表面上各点的颜色值。将二维纹理图映射到三维物体的表面上分为两个映射,如图 8-19 所示。第一个映射是从二维纹理空间到三维物体空间。由于物体空间常用参数空间表示,所以主要建立二维纹理空间到三维参数空间的映射,这个映射也称为表面的参数化。第二个映射是从三维参数空间到二维屏幕空间的映射,这个映射是透视投影。

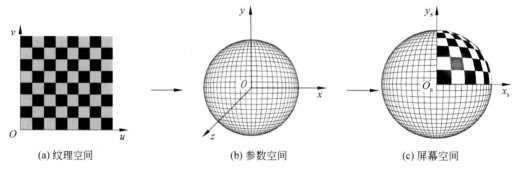

| (a) 纹理空间 | (b) 参数空间 | (c) 屏幕空间 |

图 8-19　从纹理空间到屏幕空间的映射

8.4.1　纹理分类

对于简单光照模型,当什么属性发生改变时,可以产生纹理效果呢? 单光源简单光照模型的计算公式为

$$I=I_e+I_d+I_s=k_aI_a+f(d)\left[k_dI_p\max(\mathbf{N}\cdot\mathbf{L},0)+k_sI_p\max(\mathbf{N}\cdot\mathbf{H},0)^n\right]$$

根据上式计算物体表面上任意一点 P 的光强 I 时,必须首先确定物体表面的单位光向量 $\mathbf{L}$、单位法向量 $\mathbf{N}$、单位中分向量 $\mathbf{H}$ 以及材质的漫反射率 k_d。当光源的位置不变时,光向量 $\mathbf{L}$ 是一个定值。当视点的位置不变时,中分向量 $\mathbf{H}$ 是一个定值。影响光强的只有漫反射率 k_d 和单位法向量 $\mathbf{N}$。

1976 年,Blinn 和 Newell 采用二维图像来改变物体表面材质的漫反射率 k_d,这种纹理称为图像纹理。1978 年,Blinn 提出了在光照模型中适当扰动物体表面多边形的法向量 $\mathbf{N}$ 的方向来产生凹凸纹理效果的方法,称为几何纹理。纹理映射需要在光照模型中进行计算,这意味着所采用的着色方法必须是像素级的 Phong 明暗处理,而不是顶点级的 Gouraud 明暗处理。需要说明的是,有时纹理数据会影响到镜面高光颜色,而对于简单光照模型而言,镜面高光的颜色是由光源颜色决定的,与物体材质的颜色无关。处理方法是先将镜面高光分离出来,完成纹理映射后,再将镜面高光分量叠加上去,如图 8-20 所示。

(a) 纹理　　　　　　(b) 光源　　　　　　(c) 光照纹理

图 8-20　纹理叠加镜面高光

8.4.2　图像纹理

在工程应用中,一个自然的想法是将一幅图像作为纹理映射到物体表面上。来自照相机的照片、画家的手工绘画作品等就是图像纹理,这是最常用的纹理形式。图像纹理映射需要建立物体表面上各采样点与已知图像上各纹素的对应关系。取图像上各纹素的颜色作为物体表面上采样点的材质属性,然后调用简单光照模型,使用 Phong 明暗处理来逐像素计算表面上采样点的光强。

1. 读入图像信息

纹理图像中,最简单的是位图图像。在物体表面上映射图像纹理之前,首先将位图格式由 DIB 转换成 DDB,这种变换可以直接通过 MFC 的资源管理器导入位图而实现。DDB 位图中,每个图素用 R、G、B、A 共 4B 长度表示,可以使用位图读入方式将其转储到一维数组中,假定一维数组名称为 Image。位图是宽度为 w,高度为 h 的图像,在映射之前,需要将位图规范为 $[0,1] \times [0,1]$ 范围内,如图 8-21 所示。

(1,1)

图 8-21　规范化图像

2. 多面体纹理映射算法

多面体的表面为平面多边形,每个多边形对应一幅图像,需要建立图像与表面的映射关系,这需要参考多面体的展开图。例如,立方体的展开图有多种形式,如图 8-22 所示。这里选择的是最常用的第 5 种展开形式,如图 8-23 所示,其中,F_0 代表前面,也就是将展开图向里包裹形成立方体。将一幅图像分别映射到立方体的 6 个表面上,纹理坐标的定义如图 8-24

所示。立方体纹理坐标与表面顶点的对应关系如表 8-3 所示。

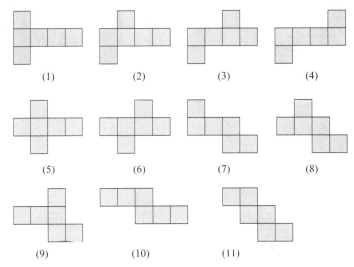

(1)　　　　　(2)　　　　　(3)　　　　　(4)

(5)　　　　　(6)　　　　　(7)　　　　　(8)

(9)　　　　　(10)　　　　　(11)

图 8-22　立方体的展开图形式

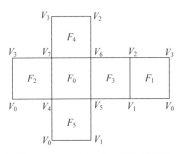

图 8-23　立方体的一种展开图

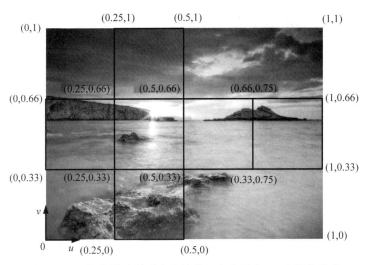

图 8-24　一幅位图映射到立方体的 6 个表面上 uv 坐标的定义

表 8-3　立方体纹理坐标与表面顶点的对应关系

面编号	纹 理 地 址	顶点索引号	名称
F_0	$(0.25,0.33),(0.5,0.33),(0.5,0.66),(0.25,0.66)$	4,5,6,7	前面
F_1	$(1,0.33),(1,0.66),(0.75,0.66),(0.75,0.33)$	0,3,2,1	后面
F_2	$(0,0.33),(0.25,0.33),(0.25,0.66),(0,0.66)$	0,4,7,3	左面
F_3	$(0.75,0.33),(0.75,0.66),(0.5,0.66),(0.5,0.33)$	1,2,6,5	右面
F_4	$(0.5,1),(0.25,1),(0.25,0.66),(0.5,0.66)$	2,3,7,6	顶面
F_5	$(0.25,0),(0.5,0),(0.5,0.33),(0.25,0.33)$	0,1,5,4	底面

在纹理映射的时候,将 u 坐标乘以位图的宽度,v 坐标乘以位图的高度。然后按照 uv
坐标去检索 Image 数组中对应的纹素颜色,将其赋给材质
的漫反射率,就可以将位图映射到立方体相应的表面上。
一幅图像包裹立方体的映射效果如图 8-25 所示。

图 8-25　立方体纹理映射效果图

算法 35:多面体图像纹理映射算法

3. 曲面体纹理映射算法

由自由曲面(如有理二次 Bezier 曲面)构成的球体,共
有 8 片曲面片($N=0,1,\cdots,7$)。一般情况下,每片曲面映
射一幅图像,球面上共有 8 幅位图。当然,如果将图像划
分为 8 个区域,则可以一个球面上映射一幅图像,图像 uv
划分如图 8-26 所示,映射效果如图 8-28(a)所示。这里先
介绍每片曲面映射一幅图像的方法,这是最简单的方法,只要将图像的 uv 坐标与曲面定义
域的 uv 坐标一一对应即可,如图 8-27 所示。图 8-28(b)是每片曲面映射一幅图像的效果
图,这是俯视图,可以看到纹理图案中北极点处狗熊的头被拉长了。

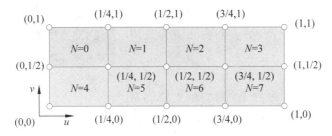

图 8-26　包裹整球的一幅图像的 uv 划分

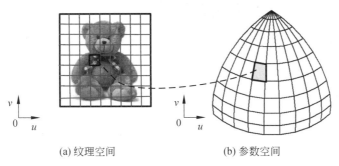

(a)纹理空间　　　　　　　　(b)参数空间

图 8-27　递归细分纹理空间与参数空间

(a)映射 1 幅图像　　　　　　　(b)映射 8 幅图像

图 8-28　球体图像纹理映射效果图

算法 36：曲面体图像纹理映射算法

8.4.3　几何纹理

颜色纹理描述了物体表面上各点的颜色分布,现实世界中还存在着橘子皮、岩石、树皮等凹凸不平的表面。显然,颜色纹理无法表达表面的凹凸不平。1978 年,Blinn 提出一种无须修改表面的几何模型,就能模拟表面凹凸不平效果的有效方法,称为几何纹理映射或者凹凸纹理映射。

1. 最简单的凹凸图

通过简单调节多边形边界颜色的明暗程度,可以产生不同的凹凸效果。先来看一个简单的例子。在灰色的背景上,用 4 条边界线绘制两个大小相同的正方形,如图 8-29 所示。左侧正方形的左边界和上边界用白色线条绘制,右边界和下边界用黑色线条绘制;右侧正方形的左边界和上边界用黑色线条绘制,右边界和下边界用白色线条绘制。视觉效果上,左侧正方形是凸起的,右侧正方形是凹陷的。

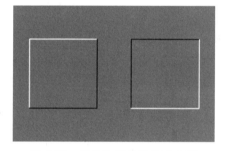

图 8-29　线条绘制的凹凸正方形

2. 映射原理

几何纹理映射的基本思想是,用简单光照模型计算物体表面的光强时,对物体表面网格点的法向量进行微小的扰动,导致光强的明暗变化,产生凹凸不平的真实感效果。需要注意的是,物体表面呈现出来的这种褶皱效果,不是由于物体几何结构的改变,而是光照计算的结果。

定义一个连续可微的扰动函数 $B(u,v)$,对光滑表面作不规则的微小扰动。物体表面上的每一点 $P(u,v)$ 都沿该点处的法向量方向偏移 $B(u,v)$ 个单位长度,新的表面位置改变为

$$P'(u,v) = P(u,v) + B(u,v)\frac{N}{|N|} \tag{8-28}$$

式(8-28)的几何意义如图 8-30 所示。对于图 8-30(a)所示的光滑表面,使用图 8-30(b)所示的函数进行扰动后,结果如图 8-30(c)所示。

令

$$n = \frac{N}{|N|}$$

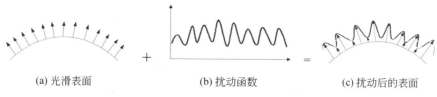

(a) 光滑表面　　　　　　　　(b) 扰动函数　　　　　　　　(c) 扰动后的表面

图 8-30　几何纹理映射

有

$$\boldsymbol{P}' = \boldsymbol{P} + B\boldsymbol{n} \tag{8-29}$$

新表面的法向量可以通过两个偏导数的叉积得到,即

$$\boldsymbol{N}' = \boldsymbol{P}'_u \times \boldsymbol{P}'_v \tag{8-30}$$

其中

$$\boldsymbol{P}'_u = \frac{\partial(\boldsymbol{P} + B\boldsymbol{n})}{\partial \boldsymbol{u}} = \boldsymbol{P}_u + B_u\boldsymbol{n} + B\boldsymbol{n}_u \tag{8-31}$$

$$\boldsymbol{P}'_v = \frac{\partial(\boldsymbol{P} + B\boldsymbol{n})}{\partial \boldsymbol{v}} = \boldsymbol{P}_v + B_v\boldsymbol{n} + B\boldsymbol{n}_v \tag{8-32}$$

由于粗糙表面的凹凸高度相对于表面尺寸一般要小得多,因而 B 可以忽略不计,有

$$\boldsymbol{N}' \approx (\boldsymbol{P}_u + B_u\boldsymbol{n}) \times (\boldsymbol{P}_v + B_v\boldsymbol{n})$$

展开得

$$\boldsymbol{N}' \approx \boldsymbol{P}_u \times \boldsymbol{P}_v + B_u(\boldsymbol{n} \times \boldsymbol{P}_v) + B_v(\boldsymbol{P}_u \times \boldsymbol{n}) + B_uB_v(\boldsymbol{n} \times \boldsymbol{n})$$

由于 $\boldsymbol{n} \times \boldsymbol{n} = 0$,且 $\boldsymbol{N} = \boldsymbol{P}_u \times \boldsymbol{P}_v$,有

$$\boldsymbol{N}' \approx \boldsymbol{N} + B_u(\boldsymbol{n} \times \boldsymbol{P}_v) + B_v(\boldsymbol{P}_u \times \boldsymbol{n}) \tag{8-33}$$

令

$$\boldsymbol{A} = \boldsymbol{n} \times \boldsymbol{P}_v, \quad \boldsymbol{B} = \boldsymbol{n} \times \boldsymbol{P}_u$$

则

$$\boldsymbol{D} = B_u(\boldsymbol{n} \times \boldsymbol{P}_v) - B_v(\boldsymbol{n} \times \boldsymbol{P}_u) = B_u\boldsymbol{A} - B_v\boldsymbol{B}$$

扰动后的法向量为

$$\boldsymbol{N}' = \boldsymbol{N} + \boldsymbol{D} \tag{8-34}$$

式(8-34)中,第一项为原光滑表面上任意一点的法向量,第二项为扰动向量。这意味着,光滑表面的法向量 $\boldsymbol{N}$ 在 u 和 v 方向上被扰动函数 B 的偏导数所修改,得到 $\boldsymbol{N}'$,如图 8-31 所示。将法向量 $\boldsymbol{N}'$ 规范化为单位向量,可以用于计算物体表面一点的光强,以产生貌似皱折的效果。"貌似"二字表示在物体的边缘上,看不到真实的凹凸效果,只有光滑的轮廓。由明暗变化而产生的真实感图形皱折效果,可以代替对每个皱折进行几何建模的效果。

使用函数来定义 B_u 和 B_v,并对小面顶点的法向进行扰动,小面内的法向量使用双线性插值计算。扰动位图分别采用黑底白点和白底黑点,扰动结果如图 8-32 所示。

算法 37：几何纹理算法

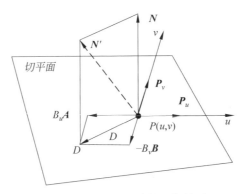

图 8-31　法向量扰动的几何关系

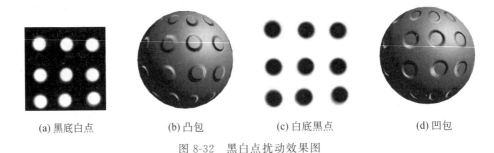

(a) 黑底白点　　　(b) 凸包　　　(c) 白底黑点　　　(d) 凹包

图 8-32　黑白点扰动效果图

8.4.4　混合纹理

将颜色纹理用于改变曲面网格点的漫反射率,几何纹理用于改变曲面网格点的法向量,二者叠加在一起来改变物体的外观。读取图 8-33(a)所示地球展开图的灰度值作为高度场,用相邻颜色定义扰动函数定义 B_u 和 B_v,并用该图的纹素颜色来设置材质的漫反射率,映射效果如图 8-33(b)所示,可以看到清晰的海洋和陆地的边界。

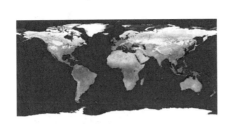

(a) 地球展开图　　　　　　　　(b) 颜色纹理凹凸地球

图 8-33　混合纹理映射效果图

8.4.5　纹理反走样

纹理映射是将纹理图像映射到不同大小的物体表面上。二维纹理图仿佛是一块橡胶,拉伸或者缩小后粘贴到弯曲的三维物体表面上,人工痕迹非常明显。因此纹理映射一般都会结合一种反走样技术进行处理。纹理反走样是强制性的。

若投影后的像素数目比原始纹理大,则需要把纹理图像放大;若投影后的像素数目比原始纹理小,则需要把纹理图像缩小。对于立方体,当纹素与像素相匹配时,可以实现一对一的映射。但对于球体,二维图形不能包裹三维物体,会出现纹素与像素不匹配的情况。设纹素用正方形表示,像素用圆形表示,如图 8-34 所示。如果纹素少于像素,映射时需要对纹理进行放大操作;如果纹素多于像素,映射时需要对纹理进行缩小操作。这里以球体为例,简单介绍纹素少于像素的放大操作。

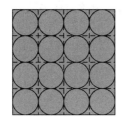
(a) 纹素等于像素

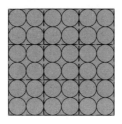
(b) 纹素少于像素

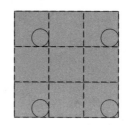
(c) 纹素多于像素

图 8-34 纹素和像素

当将二维图像映射到曲面球体上时,图像被拉伸,会产生严重的走样。应对源图像进行放大操作,形成与球体表面积相匹配的目标图像。目标图像中的空缺像素从哪里来呢?有两种常用算法:邻接点算法与双线性插值算法。邻接点算法是取距离最近的像素的颜色,效果不好,最有效算法是图像的双线性插值算法。对于一个屏幕像素,设其映射到纹理空间的坐标为 (u, v),u 和 v 都位于 $[0, 1]$ 区间内,则物体空间中表面上一个像素的颜色 $c(u, v)$,可由纹理空间中坐标为 $c_0(i, j)$、$c_1(i+1, j)$、$c_2(i, j+1)$、$c_3(i+1, j+1)$ 的 4 个纹素的颜色来计算,如图 8-35 所示。

$$c_a = (1-p)c_0 + pc_1 \tag{8-35}$$

$$c_b = (1-p)c_2 + pc_3 \tag{8-36}$$

$$c = (1-q)c_a + qc_b \tag{8-37}$$

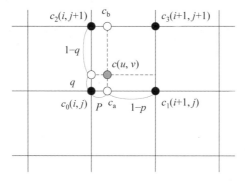

图 8-35 纹素双线性插值示意图

图 8-36(a)是未进行反走样处理的局部球面放大图,可以看到图像被拉伸,像素块变大。图 8-36(b)所示为使用双线性插值法处理后的局部球面放大图,纹理效果得以改善,虽然没有大的像素块,但是图像变得模糊了。

算法 38:纹理反走样算法

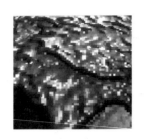

(a) 反走样前　　　　　　　　　(b) 反走样后

图 8-36　反走样效果图

8.5　导入外部文件建模

前面已经学习了边界表示法（boundary representation，BRep）建模，并建立了简单的立方体与球体模型。BRep 是几何造型中最成熟、无二义的表示法。顶点表存储的是物体的三维顶点，用于定义物体的几何属性；表面表存储的是物体小面对顶点的索引号、纹理索引号和法向量索引号，用于定义物体的拓扑属性。对于简单的几何模型，可以在程序中建模，但是对于复杂的模型，通常不能手工定义顶点表和表面表，需要从外部导入模型文件。图 8-37(a)是从 3DS 文件导入的足球模型，这个线框模型非常复杂。图 8-37(b)是使用本章讲解的真实感图形绘制算法，为足球线框模型添加了双光源效果。可以看出，具有很强的真实感。

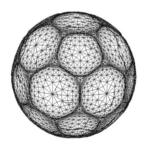

(a) 线框图　　　　　　　　　(b) 表面图

图 8-37　足球导入模型

8.5.1　3DS 文件结构

一种常见的建模方法是使用 3DS 建立物体的三维模型。例如，先使用 3ds max 软件建立如图 8-38 所示的足球三维模型，然后导出足球模型的二进制文件，并命名为 football.3DS。

3DS 文件以二进制形式存储，是由许多"块"组成的嵌套结构。"块"本身由两部分组成的：一个是块的 ID 号，另一个块的长度。块的结构如表 8-4 所示。

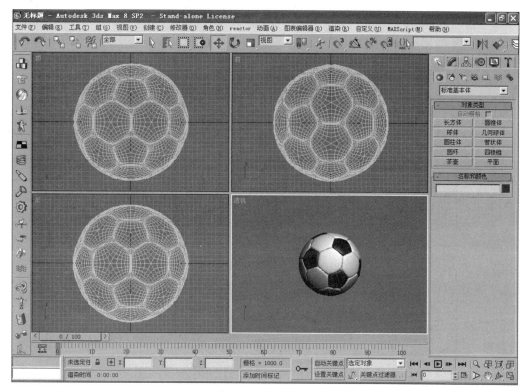

图 8-38　3DS 中的足球建模

表 8-4　块的结构

偏移量起点	偏移量终点	长度/B	意义
0	1	2	块的 ID 号
2	5	4	块的长度

　　3DS 文件有一个主块(ID 是 0x4D4D)，位于 3DS 文件的起始位置，可以作为判断是否为 3DS 文件的标志。主块的子块是 3D 编辑块(ID 是 x3D3D)和关键帧块(ID 是 0xB000)。3D 编辑块的子块是材质编辑块(ID 是 0xAFFF)和对象块(ID 是 0x4000)。材质编辑块的子块是材质名称(ID 是 0xA000)、材质环境光颜色(ID 是 0xA010)、材质漫反射光颜色(ID 是 0xA020)、材质镜面反射光颜色(ID 是 0xA030)、材质纹理(ID 是 0xA200)，而材质纹理的子块是纹理名称(ID 是 0xA300)。对象块的子块是三角形网格(ID 是 0x4100)。三角形网格的子块是三角形顶点(ID 是 0x4110)、三角形表面(ID 是 0x4120)、纹理坐标(ID 是 0x4140)、转换矩阵(ID 是 0x4160)。而三角形表面的子块是表面的材质(ID 是 0x4130)和表面光滑信息(ID 是 0x4150)。3DS 文件结构如图 8-39 所示。

　　基于 3DS 文件的块结构建模，模型的理解和编程都有较大的难度，更为常用的方法是基于 OBJ 文件建模。OBJ 文件只是很单纯的字典式结构，用简单易懂的字符来表示模型结构。OBJ 文件是 Wavefront 公司为它的一套基于工作站的 3D 建模和动画软件 Advanced

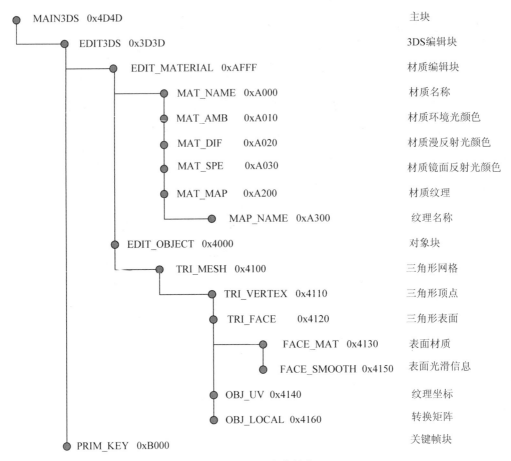

MAIN3DS 0x4D4D		主块
EDIT3DS 0x3D3D		3DS编辑块
EDIT_MATERIAL 0xAFFF		材质编辑块
MAT_NAME 0xA000		材质名称
MAT_AMB 0xA010		材质环境光颜色
MAT_DIF 0xA020		材质漫反射光颜色
MAT_SPE 0xA030		材质镜面反射光颜色
MAT_MAP 0xA200		材质纹理
MAP_NAME 0xA300		纹理名称
EDIT_OBJECT 0x4000		对象块
TRI_MESH 0x4100		三角形网格
TRI_VERTEX 0x4110		三角形顶点
TRI_FACE 0x4120		三角形表面
FACE_MAT 0x4130		表面材质
FACE_SMOOTH 0x4150		表面光滑信息
OBJ_UV 0x4140		纹理坐标
OBJ_LOCAL 0x4160		转换矩阵
		关键帧块
PRIM_KEY 0xB000		

图 8-39 3DS 文件结构

Visualizer 开发的一种 3D 模型文件格式,用于不同软件之间的 3D 模型互导。例如,在 3ds max 或 LightWave 中建立了一个模型,先把它导入 Maya 中渲染,再导出 OBJ 文件就是一种很好的选择。目前几乎所有知名的 3D 设计软件都支持 OBJ 文件的读写。

8.5.2 OBJ 文件格式

OBJ 文件是由 Wavefront 公司为 3D 建模开发的一种标准。OBJ 文件是一种文本文件,可以直接用写字板查看和编辑修改。Windows 10 自带的 3D 绘图软件可以自动识别 OBJ 文件所表示的图形。OBJ 文件主要支持多边形模型,包括顶点、表面、纹理地址和法向量。OBJ 文件不仅支持三角形小面建模,也支持 3 个顶点以上的表面,这一点对于建立四边形网格模型很有用。

OBJ 文件由一行行文本组成,注释行以"♯"开头,空格和空行可以随意加入文件,以增加文件的可读性。

OBJ 文件用字符"v"表示顶点(geometric vertices),字符"vt"表示顶点的纹理(texture vertices),字符"vn"表示顶点的法向量(vertex normals),字符"f"表示表面(face)。

立方体是一个简单物体,其 OBJ 文件的内容如下:

```
#cube.obj
#mtllib cube.mtl
o cube
#定义顶点,格式为 v
v -0.500000 -0.500000 0.500000          //顶点 $V_1$
v 0.500000 -0.500000 0.500000           //顶点 $V_2$
v -0.500000 0.500000 0.500000           //顶点 $V_3$
v 0.500000 0.500000 0.500000            //顶点 $V_4$
v -0.500000 0.500000 -0.500000          //顶点 $V_5$
v 0.500000 0.500000 -0.500000           //顶点 $V_6$
v -0.500000 -0.500000 -0.500000         //顶点 $V_7$
v 0.500000 -0.500000 -0.500000          //顶点 $V_8$
#定义纹理地址,格式为 vt
vt 0.250000 0.000000
vt 0.500000 0.000000
vt 0.000000 0.333333
vt 0.250000 0.333333
vt 0.500000 0.333333
vt 0.750000 0.333333
vt 1.000000 0.333333
vt 0.000000 0.666667
vt 0.250000 0.666667
vt 0.500000 0.666667
vt 0.750000 0.666667
vt 1.000000 0.666667
vt 0.250000 1.000000
vt 0.500000 1.000000
#定义法向量,格式为 vn
vn 0.000000 0.000000 1.000000
vn 0.000000 1.000000 0.000000
vn 0.000000 0.000000 -1.000000
vn 0.000000 -1.000000 0.000000
vn 1.000000 0.000000 0.000000
vn -1.000000 0.000000 0.000000
g cube
usemtl cube
s 1
#表面表示,格式为顶点索引号/纹理索引号/法向量索引号
f 1/4/1 2/5/1 3/9/1
f 3/9/1 2/5/1 4/10/1
s 2
f 3/9/2 4/10/2 5/13/2
f 5/13/2 4/10/2 6/14/2
```

```
s 3
f 5/12/3 6/11/3 7/7/3
f 7/7/3 6/11/3 8/6/3
s 4
f 7/1/4 8/2/4 1/4/4
f 1/4/4 8/2/4 2/5/4
s 5
f 2/5/5 8/6/5 4/10/5
f 4/10/5 8/6/5 6/11/5
s 6
f 7/3/6 1/4/6 5/8/6
f 5/8/6 1/4/6 3/9/6
```

图 8-40 是 OBJ 文件定义的立方体。每个四边形表面都被拆分为两个三角形小面。例如前面 $V_1V_2V_3V_4$ 被细分为 $V_1V_2V_3$ 和 $V_3V_2V_4$,即小面 F_1 和 F_2,这里顶点编号为逆时针方向,标识的是立方体的外面。立方体的顶点数为 8,小面数为 12。值得注意的是,文件中顶点的索引号是以 1 作为起点的,这和前面讲解中从 0 开始的索引号有所不同。表 8-5 给出的是立方体的顶点表。表 8-6 给出的是立方体的纹理地址表,纹理地址与表面的对应关系如图 8-41 所示。表 8-7 给出的是立方体的面法向量。表 8-8 给出的是立方体的面表,图 8-42 给出了表面与顶点索引号的对应关系。表 8-9 给出立方体的面表与纹理索引号的对应关系。表 8-10 给出立方体的面表与法向量索引号的对应关系。

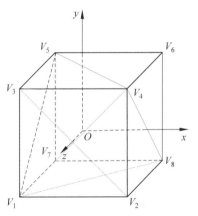

图 8-40　OBJ 文件定义的立方体

表 8-5　立方体顶点表

顶点	x 坐标	y 坐标	z 坐标
V_1	−0.5	−0.5	0.5
V_2	0.5	−0.5	0.5
V_3	−0.5	0.5	0.5
V_4	0.5	0.5	0.5
V_5	−0.5	0.5	−0.5
V_6	0.5	0.5	−0.5
V_7	−0.5	−0.5	−0.5
V_8	0.5	−0.5	−0.5

表 8-6 立方体纹理地址表

顶点	u 坐标	v 坐标
Vt_1	0.25	0
Vt_2	0.5	0
Vt_3	0	0.33
Vt_4	0.25	0.33
Vt_5	0.5	0.33
Vt_6	0.75	0.33
Vt_7	1	0.33
Vt_8	0	0.66
Vt_9	0.25	0.66
Vt_{10}	0.5	0.66
Vt_{11}	0.75	0.66
Vt_{12}	1	0.66
Vt_{13}	0.25	1
Vt_{14}	0.5	1

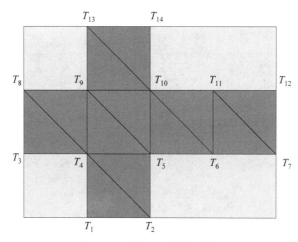

图 8-41 定义立方体纹理坐标

表 8-7 立方体面法向量

顶点	x 坐标	y 坐标	z 坐标
Vn_1	0	0	1
Vn_2	0	1	0
Vn_3	0	0	-1
Vn_4	0	-1	0
Vn_5	1	0	0
Vn_6	-1	0	0

表 8-8　立方体面表索引顶点

表面		第 1 个顶点索引号	第 2 个顶点索引号	第 3 个顶点索引号
S_1	F_1	1	2	3
	F_2	3	2	4
S_2	F_3	3	4	5
	F_4	5	4	6
S_3	F_5	5	6	7
	F_6	7	6	8
S_4	F_7	7	8	1
	F_8	1	8	2
S_5	F_9	2	8	4
	F_{10}	4	8	6
S_6	F_{11}	7	1	5
	F_{12}	5	1	3

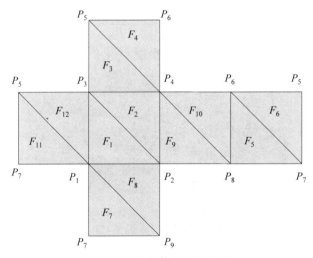

图 8-42　立方体表面展开图

表 8-9　立方体面表索引纹理

表面		第 1 个顶点索引号	第 2 个顶点索引号	第 3 个顶点索引号
S_1	T_1	4	5	9
	T_2	9	5	10
S_2	T_3	9	10	13
	T_4	13	10	14
S_3	T_5	12	11	7
	T_6	7	11	6

表面		第1个顶点索引号	第2个顶点索引号	第3个顶点索引号
S_4	T_7	1	2	4
	T_8	4	2	5
S_5	T_9	5	6	10
	T_{10}	10	6	11
S_6	T_{11}	3	4	8
	T_{12}	8	4	9

表 8-10　立方体面表索引法向量

表面		第1个顶点索引号	第2个顶点索引号	第3个顶点索引号
S_1	N_1	1	1	1
	N_2	1	1	1
S_2	N_3	2	2	2
	N_4	2	2	2
S_3	N_5	3	3	3
	N_6	3	3	3
S_4	N_7	4	4	4
	N_8	4	4	4
S_5	N_9	5	5	5
	N_{10}	5	5	5
S_6	N_{11}	6	6	6
	N_{12}	6	6	6

　　读入 cube.obj 文件绘制的立方体线框模型如图 8-43(a)所示,立方体由 12 个三角形小面构成。绘制的立方体的光照模型如图 8-43(b)所示。选择一幅图像,为立方体添加纹理效果如图 8-43(c)所示。

(a) 线框　　　　　　　　　　(b) 光照　　　　　　　　　　(c) 纹理

图 8-43　立方体的线框模型

算法 39：基于 OBJ 文件的立方体建模算法

8.5.3 绘制 OBJ 文件的三维图

1. 读取 OBJ 文件

使用文件操作命令,从 teapot.obj 文件读出顶点、纹理、法向量以及表面索引号,绘制的茶壶的线框模型如图 8-44(a)所示(使用背面剔除算法进行了消隐)。基于 Phong 明暗处理算法,绘制的茶壶光照模型如图 8-44(b)所示。茶壶的纹理贴图效果如图 8-44(c)所示。

(a) 线框模型　　　　　　　(b) 光照模型

(c) 纹理图

图 8-44　OBJ 文件建立的茶壶模型

2. 处理法向量

从光照模型中知道,顶点法向量决定物体表面的光照效果。OBJ 文件中给出了物体的法向量 v_n,该法向量是绑定在表面的顶点上的点法向量。当使用三维变换旋转物体时,顶点坐标发生了改变,相对应的法向量也应该跟着顶点一起变换,才能使物体表面获得正确的光照。如何对法向量进行变换呢,先来观察图 8-45。

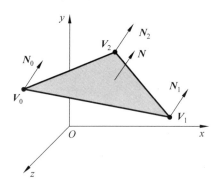

图 8-45　法向量垂直与三角形表面

图 8-45 中,三角形顶点坐标为 V_0,V_1,V_2,3 个顶点的法向量等于面法向量 N。由平面方程知道

$$N \cdot V = 0$$

法向量垂直于三角形表面,用 **V** 表示三角形表面上的任意一点,则

$$[\begin{matrix} n_x & n_y & n_z \end{matrix}]\begin{bmatrix} x \\ y \\ z \end{bmatrix}=0 \tag{8-38}$$

式中,$\boldsymbol{V}=\begin{bmatrix} x \\ y \\ z \end{bmatrix}$,$\boldsymbol{N}=\begin{bmatrix} n_x \\ n_y \\ n_z \end{bmatrix}^{\mathrm{T}}$。

设 **M** 为三维非齐次坐标表示的变换矩阵,则式(8-38)可改写为

$$[\begin{matrix} n_x & n_y & n_z \end{matrix}]\boldsymbol{M}^{-1}\boldsymbol{M}\begin{bmatrix} x \\ y \\ z \end{bmatrix}=0 \tag{8-39}$$

式中,$\boldsymbol{M}\begin{bmatrix} x \\ y \\ z \end{bmatrix}$ 是变换后的三角形顶点 $\boldsymbol{P}'$。$[\begin{matrix} n_x & n_y & n_z \end{matrix}]\boldsymbol{M}^{-1}$ 是用行阵表示的变换后的法向量。

将变换后的法向量用列阵表示为

$$\boldsymbol{N}'=[\boldsymbol{M}^{-1}]^{\mathrm{T}}\begin{bmatrix} n_x \\ n_y \\ n_z \end{bmatrix} \tag{8-40}$$

式(8-40)表示,变换后的法向量 $\boldsymbol{N}'$ 仍然垂直与变换后的三角形表面(用 $\boldsymbol{P}'$ 表示)。$\boldsymbol{N}'$ 为变换矩阵的逆转置。

事实上,通过导入模型的方法来建立物体的几何模型,根本不需要了解模型的物理结构,只要理解 OBJ 文件中顶点、纹理、法向量定义以及与表面的对应关系,就可以创建复杂的模型。计算机图形学中著名的标准参照物 Utah Teapot 由 32 片双三次 Bezier 曲面片拼接而成,共有 306 个控制点,建模过程比较复杂,本教材并未讲解,但是可以通过导入 teapot.obj 来建模。更进一步,可以通过导入 OBJ 文件来建立更为复杂的模型,图 8-46 是通过导入 dolphin.obj 文件,并使用本教材提供的光照和纹理算法绘制的海豚纹理效果图。

(a) 纹理图　　　　　　　　(b) 光照图

图 8-46　OBJ 文件建立的茶壶模型

算法 40:基于 OBJ 文件的光照茶壶建模算法

算法 41:基于 OBJ 文件的图像纹理茶壶建模算法

算法 42:基于 OBJ 文件的几何纹理茶壶建模算法

8.6 本章小结

光照研究的是材质和光源之间的交互作用。Gouraud 明暗处理和 Phong 明暗处理都可以为物体表面添加光照,但 Phong 明暗处理是纹理映射的基础算法,需要重点掌握。对立方体、球体添加纹理的方法是建立像素与纹素的对应关系。一般而言,纹理映射需要伴随反走样算法来提高图形质量。总之,学习了光照模型后就像登上高山之巅,回顾前面的算法,一览众山小,展望未来,光照纹理技术与市场上最前沿的技术相接轨,可以自由探索新算法并且实现新算法。

习 题 8

1. 构成三维场景的三要素是什么? 描述三维场景需要哪些坐标系。

2. 在许多工具软件中,常将 x 坐标轴绘制为红色,y 坐标轴绘制为绿色,z 坐标轴绘制为蓝色,为什么?

3. 什么是简单光照模型? 局部光照模型与全局光照模型的主要差异是什么?

4. 图 8-47 中,4 个三角形共享顶点 P_4,试计算 P_4 点的法向量。

5. Phong 光照模型中,高光的计算是 $(R \cdot V)^n$。Blinn-Phong 光照模型中,高光的计算是 $(N \cdot H)^n$,试比较二者结果的差异。

6. 简述 Gouraud 明暗处理和 Phong 明暗处理的区别。

7. 正四面体展开图如图 8-48 所示,由 4 个正三角形小面组成。其中,F_0 是底面,颜色为蓝色;F_1 是侧面,颜色为黄色;F_2 是侧面,颜色为绿色;F_3 是侧面,颜色为绿色红色。假定一幅图像映射到正四面体上并覆盖正四面体的所有表面,试写出三角形小面顶点的 UV 坐标。

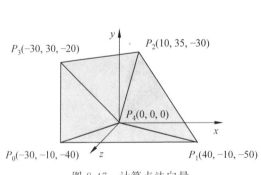

图 8-47 计算点法向量

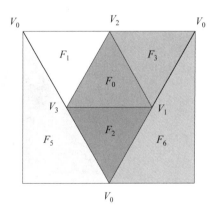

图 8-48 正四面体展开图

8. 球体由 8 片有理双二次曲面片构成,最简单的纹理映射方法是每个曲面片映射一幅图像。假定图像为图 8-49(a)所示的一幅兔子,纹理映射效果如图 8-49(b)所示。

(1) 在 8 片曲面上,北半球的图像正向绘制,南半球的图像镜像绘制,试写出南半球曲面片的纹理坐标,如图 8-49(c)所示。

（2）在 8 片曲面上，北半球的图像正向绘制，南半球的图像镜像绘制，同时球体正面的两个图像面对面，试写出南半球曲面片的纹理坐标，如图 8-49(d)所示。

（3）在球体"正面"只映射一幅图像，效果如图 8-50 所示，试写出球体正面曲面片的纹理坐标。

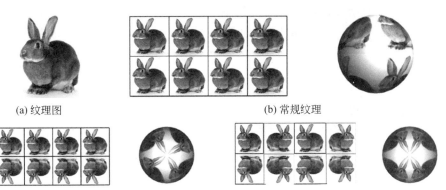

(a) 纹理图   (b) 常规纹理

(c) 南北镜像纹理   (d) 全面镜像纹理

图 8-49   球体映射 8 幅图像

9. 如图 8-51 所示，假定三角形小面上一点 P 的法向量为 $N(0,0,1)$，该点沿着 u 方向的扰动向量为 $U(1,0,0)$，沿着 V 方向的扰动向量为 $V(0,1,0)$，试计算扰动后的法向量 N_1。

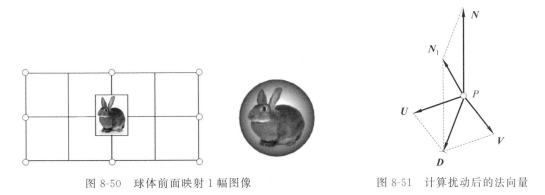

图 8-50   球体前面映射 1 幅图像   图 8-51   计算扰动后的法向量

10. 将法向量 $N = \begin{bmatrix} 1 \\ 1 \\ 1 \end{bmatrix}$ 绕 y 轴旋转 $30°$，试写出变换后的法向量。

11. * 设 OBJ 文件由三角形小面构成，并包含顶点、纹理坐标和法向量信息。试设计 CModel 类来读取 OBJ 文件并绘制其光照纹理模型。要求旋转物体时，高光跟随转动。

参 考 文 献

［1］ 孔令德.计算机图形学基础教程(Visual C++版)［M］.2版.北京：清华大学出版社,2013.

［2］ 孔令德.计算机图形学实践教程(Visual C++版)［M］.2版.北京：清华大学出版社,2013.

［3］ 孔令德,康凤娥.计算机图形学实验及课程设计(Visual C++版)［M］.2版.北京：清华大学出版社,2018.

［4］ 孔令德,康凤娥.计算机图形学基础教程(Visual C++版)习题解答与编程实践［M］.2版.北京：清华大学出版社,2019.

［5］ 孔令德.计算机图形学——基于MFC三维图形开发［M］.2版.北京：清华大学出版社,2021.

［6］ GORDON V S,CLEVENGER J.计算机图形学编程［M］.魏广程,沈曈,译.北京：人民邮电出版社,2020.

附录 A   实验及课程设计项目

本书设定计算机图形学课程的学时数为 48,其中理论教学时数为 40,实验教学时数为 8,课程设计 1 周。建议在 Visual Studio 2017/2022 版的 MFC 编程环境下完成实验。

实验 1:制作 4 叶风车线框模型,风车的每个叶片为三角形,如图 A-1 所示。

(1)设计二维点类 CP2,数据成员有浮点型的 x 坐标和 y 坐标。

(2)基于直线的光栅化算法设计 CLine 类,提供 MoveTo 和 LineTo 两个成员函数绘制任意斜率直线。

(3)设计风车类 CWindMill,读入风车顶点定义和叶片定义。

实验 2:为 4 叶风车的叶片着色,如图 A-2 所示。

(1)设计颜色类 CRGB,为 CP2 类添加颜色信息。

(2)设计 CFill 类,用光滑着色模式填充三角形。

实验 3:基于二维变换,制作四叶风车旋转动画,如图 A-3 所示。

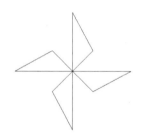
图 A-1   实验 1 效果图

图 A-2   实验 2 效果图

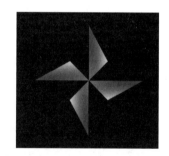
图 A-3   实验 3 效果图

(1)设计二维变换类 CTransform2,输入参数为顶点数组,输出参数为变换后的顶点数组。

(2)设计双缓冲函数,用 BitBlt 函数将内存 DC 的图像复制到显示 DC。

(3)设置屏幕背景色为黑色。

(4)为窗口添加黑三角图标,具有"播放"和"停止"两种状态。使用定时器技术旋转风车。

实验 4:绘制球体的线框模型、光照模型和纹理模型,如图 A-4 所示。

(1)定义三维顶点类 CP3。

(2)定义投影类 CProjection,对物体顶点进行透视投影。

(3)定义球体类 CSphere,基于双三次 Bezier 曲面建立球体线框模型。

(4)使用背面剔除算法,对球体线框模型进行消隐。

(5)定义三维几何变换类 CTransform3,旋转球体线框模型。

(6)定义向量类 CVector3,计算球体顶点法向量。

(7)定义光源类 CLightSource、材质类 CMaterial 和光照类 CLighting 为球体添加

(a) 线框图   (b) 光照图   (c) 纹理图

图 A-4 实验 4 效果图

光照。

（8）将一幅图像映射到球体上，制作球体的纹理模型。

课设 1：制作名为"悖论"的二维缠扰画，如图 A-5 所示。缠扰画是一种全新的绘画方式，在设定好的空间内用不断重复的基本图形创作美丽图案。

（1）在窗口客户区内绘制 4 个正方形。左下正方形的递归方式为"右旋"，线条颜色为蓝色；右下正方形的递归方式为"左旋"，线条颜色为黄色；右上正方形的递归方式为"右旋"，线条颜色为红色；左上正方形的递归方式为"左旋"，线条颜色为绿色。

（2）不使用双缓冲技术，仅使用延时函数模拟手工绘画。

课设 2：在立方体的可见面上绘制名为"悖论"的三维缠扰画，如图 A-6 所示。立方体的投影方式为透视投影，试旋转立方体。

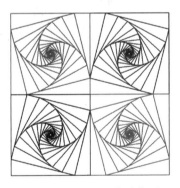 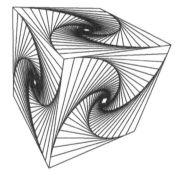

图 A-5 课设 1 二维缠扰画   图 A-6 课设 2 三维缠扰画

（1）基于边界表示法制作立方体的透视投影图。

（2）对立方体进行背面剔除。

（3）在可见表面上绘制二维缠扰画。

（4）基于双缓冲技术旋转立方体。